中 国 地 质 大 学（武 汉）实 验 教 学 系 列 教 材
中国地质大学(武汉)实验技术研究经费资助出版

地质信息系统实习指导书

DIZHI XINXI XITONG SHIXI ZHIDAOSHU

张夏林　李章林　翁正平　主编

图书在版编目(CIP)数据

地质信息系统实习指导书/张夏林,李章林,翁正平主编. —武汉:中国地质大学出版社,2016.8

中国地质大学(武汉)实验教学系列教材

ISBN 978-7-5625-3896-7

Ⅰ.①地…

Ⅱ.①张…②李…③翁…

Ⅲ.①地质-信息处理系统-实习-高等学校-教学参考资料

Ⅳ.①P5-39

中国版本图书馆CIP数据核字(2016)第217860号

地质信息系统实习指导书 张夏林 李章林 翁正平 **主编**

责任编辑:舒立霞 责任校对:周 旭

出版发行:中国地质大学出版社(武汉市洪山区鲁磨路388号) 邮政编码:430074

电 话:(027)67883511 传真:67883580 E-mail:cbb @ cug.edu.cn

经 销:全国新华书店 http://www.cugp.cug.edu.cn

开本:787毫米×1 092毫米 1/16 字数:186千字 印张:7.25

版次:2016年8月第1版 印次:2016年8月第1次印刷

印刷:湖北睿智印务有限公司 印数:1—1 000册

ISBN 978-7-5625-3896-7 定价:20.00元

中国地质大学(武汉)实验教学系列教材

编委会名单

前　言

地质信息系统是空间信息与数字技术专业的核心专业课程，该课程介绍目前在地质调查与矿产勘查领域广泛应用的信息技术原理、方法与应用，其中包括地质信息科学与信息系统的基本概念，地矿勘查的数据管理、空间分析、遥感信息处理、地质图件机助编绘、地质信息三维可视化等方面的基本原理、方法和应用技能，以及地质信息系统的设计与开发原理、方法。课程教学需要理论与实践紧密结合，配套开设了6次课间实习。

本书是中国地质大学(武汉)“十一五”规划教材《地质信息系统原理与方法》(吴冲龙等,2016)的配套实习指导书。全书针对6次实习详细讲解实习目的、实习内容、实习要求、实习成果要求及详细操作方法与步骤。实习一为地质属性数据采集系统与地质图件编绘系统，实习二为秭归野外地质实习数据采集系统设计及开发，实习三为平面地质图编绘功能开发，实习四为钻孔柱状图编图功能开发，实习五为地质统计学法储量估算，实习六为三维地质建模功能开发。实验教材以科研项目实际案例为主线，较为全面地从实验目的、实验内容、课后思考等方面编写了面向地学的空间分析建模实验内容，对实习要求、课时安排、实习报告的编写方法都有详细的说明，方便于上机实验教学和学生自主操作学习。因此，本实验教材具有很强的可操作性、实战性、系统性，适合本专业的本科生实验教学。

《地质信息系统实习指导书》适合高等院校空间信息与数字技术、资源勘查、地球空间信息及相关专业本科生使用。

本书的撰写任务由中国地质大学(武汉)计算机学院地质信息系统课程组承担。在编写过程中，编者使用和参考了矿山地质信息系统软件的部分资料，在此向相关作者致谢。

由于编者水平有限，书中错误疏漏之处在所难免，敬请读者批评指正。

编　者

2015年6月

前　言

目　录

实习一　地质属性数据采集系统与地质图件编绘系统

一、实习目的

本次实习是针对教材《地质信息系统原理与方法》第三章地质数据的数字化采集与处理，第四章地质数据的计算机管理和第五章地质图件计算机编绘的教学内容的认识性实习。通过练习使用“矿山地质信息系统”中的数据采集、管理和编图功能，加深对课堂教学中这几部分理论知识的理解和掌握；并通过实际操作练习，掌握代表性的矿山地质数据采集、管理和编图的流程方法，矿山地质数据种类非常多，本次实习主要针对地质属性数据中代表性数据进行练习，其他数据请同学们自己拓展了解。

二、实习内容

练习操作“矿山地质信息系统”，学习数据库子系统的基本功能，进行矿山的几类典型地质数据的数字化采集与管理，结合实习，系统深入理解地质数据库设计所应包含的内容。具体实习操作包括勘探区基本信息的录入与管理、勘探线信息的录入与管理、钻孔数据录入与管理、平硐数据的录入与管理。

在地质数据采集完成后，使用系统提供的地质图件编绘功能，绘制钻孔柱状图和勘探线剖面图。分析和了解地质图件编绘子系统的功能。

三、实习要求

按照“矿山地质信息系统”数据结构要求，练习使用数据采集功能，进行一个矿山的几类地质属性数据的采集。包括录入 1 个勘探区基本信息，5 条勘探线的基本信息，1 个钻孔完整的数据(含采样和样品测试结果)，1 个平硐完整的属性数据。通过实习，了解矿山地质属性数据采集的流程和数据采集内容。练习使用钻孔柱状图编绘功能和剖面图编绘功能，编制 1 张钻孔柱状图和 1 张地质剖面图。

通过学习，了解地质图件计算机辅助编绘的方法和流程。了解两类图件的图面要素、图式图例，掌握编绘这些图所使用的基本绘图功能及技巧。

四、实习成果

下课前向老师演示所采集的地质数据，并在录入数据的基础上绘制出柱状图和剖面图。

五、操作方法与步骤

“矿山地质信息系统”中地质属性数据的采集功能集中在【数据管理】模块中，菜单形式如图 1-1 所示。

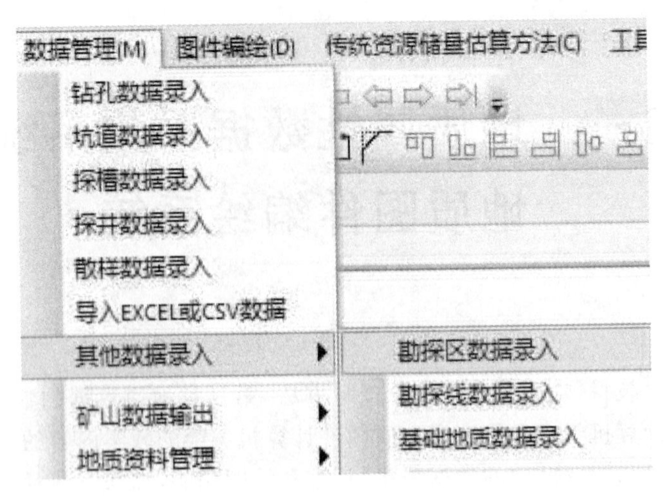

图 1-1　数据管理模块菜单

(一)勘探区概况信息的录入与管理

勘探区概况数据录入模块用于录入和保存矿产资源勘探区的基本信息。

单击菜单【数据管理｜其他数据录入｜勘探区数据录入】,进入"勘探区概况"数据录入界面(图 1-2),该界面是一个多属性页组成的综合数据录入窗口,具体包括 6 个数据录入属性页:基本信息、交通运输、工业生产、农业生产、乡镇人口和气象条件,每个属性页对应一个数据表。

1. 勘探区基本信息

第一个属性页是勘探区基本信息,包括勘探区编号、勘探区名称、所属行政区、位置信息等,采集信息时在如图 1-2 所示的对话框中,将勘探区信息填写到文本编辑框中,保存。

勘探区概况
基本信息 | 交通运输 | 工业生产 | 农业生产 | 乡镇人口 | 气象条件
勘探区编号: 352624000000000　　工作结束时间: 2006/ 5/23
勘探区名称: 紫金山铜金矿区　　面积: 4.37
所属行政区: 上杭县　　磁偏角: 5.0000
1/20万图幅编号:　　数据入库日期: 2006/ 5/23
工作启动时间: 2006/ 1/ 1　　公司名称: 福建省上杭市紫金矿业有限公司
勘探区描述: 紫金山铜金矿床是近几年我国探明的特大型有色金属矿产基地之一。矿床上部的金矿前人探明工业储量5.45吨，平均品位4.24×10⁻⁶。上杭县是著名革命老区，城关临江楼、才溪乡、古田会议会址、蛟洋文昌阁、苏家坡等为红军时期重要的革命纪念地。全县人口49万，以农业为主，劳动力资源
备注: 为紫金山金矿西北矿段19～24线，北西长约1100m，北东宽约1000m，600m标高以上范围内的0、1、2号矿体，重点是0，1号矿体，面积为2.88km2。
操作提示: 显示第一条记录!
第一条　最后一条　上一条　下一条　添加　删除　保存　矿种信息　复制
确定

图 1-2　勘探区数据录入界面

对话框的右侧分布着一列功能按钮，实现数据的操作和保存等功能，各个功能如下。

第一条：显示本数据表中的第一条记录。

最后一条：显示本数据表中的最后一条记录。

上一条：显示本数据表中相对当前记录的上一条记录。

下一条：显示本数据表中相对当前记录的下一条记录。

添加：清空编辑框上显示的内容，等待接受新输入数据。

保存：保存当前输入或修改的一条记录数据，当保存的钻孔编号已经在数据库存在时，会弹出是否覆盖原记录的提示，当保存数据不符合要求或不完善时，系统会给出提示，如图 1-3 所示。保存成功提示，如图 1-4 所示。

图 1-3　保存提示

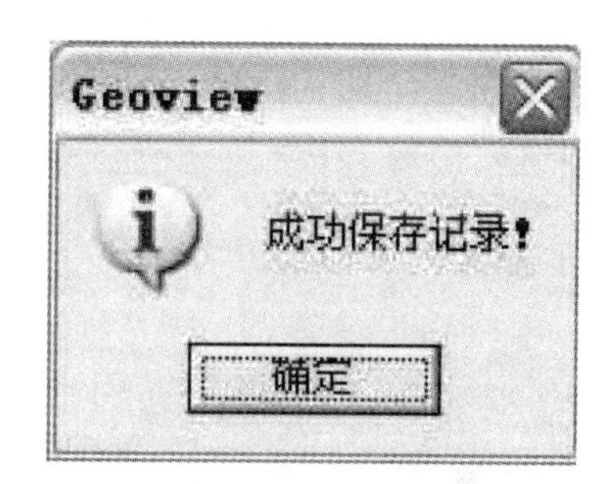

图 1-4　保存成功提示

矿种信息：弹出新窗口，输入当前勘探区的矿种信息。

编辑框功能说明：根据要输入数据类型不同，编辑框接受的输入类型不同。如勘探区名称可以接受任何类型，面积只可以接受数字类型和"."，整数部分最大长度 3 位，小数部分最大长度 4 位。当不符合要求时，编辑框不接受输入。当光标进入某个编辑框时，系统会在该页面操作提示栏自动显示相应的提示信息。

时间编辑框：点击时间编辑框，弹出编辑窗口(图 1-5)，供选择需要录入的时间，格式为年-月-日。

图 1-5　时间编辑框

2.交通运输数据采集

用鼠标点击第二个属性页的标签(即交通运输),实现采集勘探区交通运输情况,在图1－6所示的界面录入,录入的信息填到列表框中。在右侧有一列3个功能按钮,其功能分别如下。

添加:增加一个新的空行供录入数据。

删除:删除当前选中行对应的一条记录。

保存:保存新添加和修改的记录到数据库中。

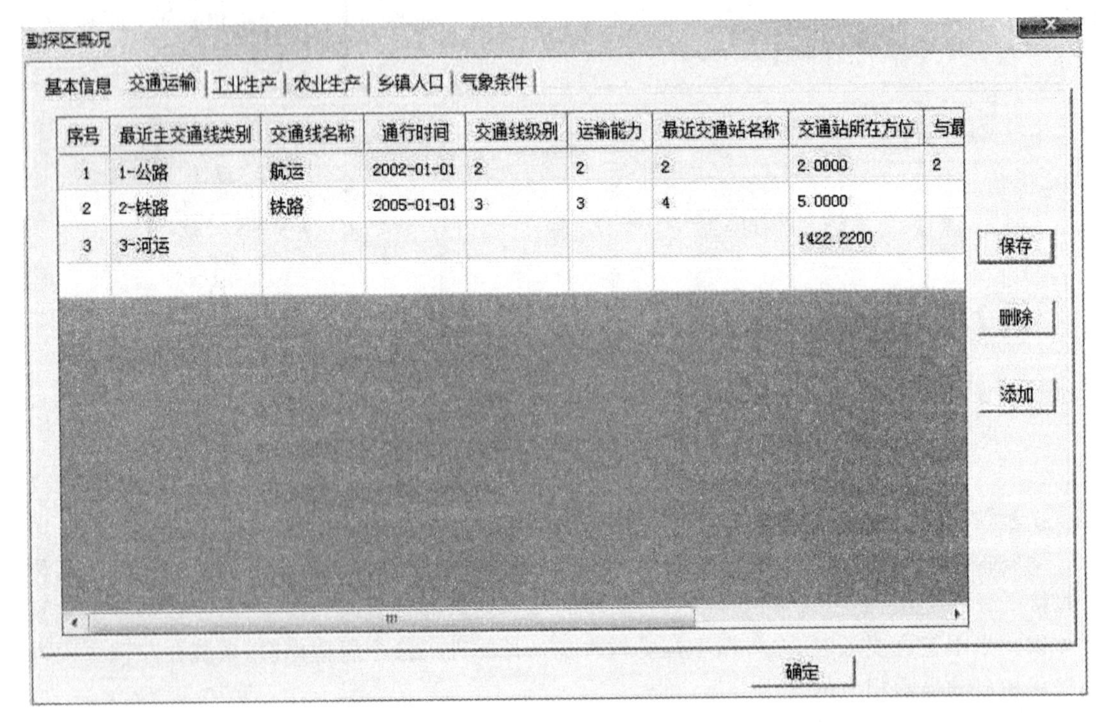

图1－6　交通运输

数据输入说明:根据字段类型不同,表格控件的每个单元可以接受的输入类型不同。比如双击最近交通线类别会弹出下拉列表框,交通线名称可以接受任何ASCII码字符,双击通行时间会显示时间编辑框。当输入数据长度超过限制时,系统会自动弹出提示对话框(图1－7)。

图1－7　输入提示

3.工业生产、农业生产、乡镇人口和气象条件等属性数据录入

工业生产、农业生产、乡镇人口和气象条件等属性数据录入方式与交通运输相同。

(二)勘探线信息的采集与管理

单击菜单【数据管理|其他数据录入|勘探线数据录入】,进入“勘探线数据”数据录入对

话框，该对话框分两个属性页，界面如图 1-8 所示。

第一个属性页是勘探类型，在如图 1-8 所示的对话框中录入勘探类型的各项数据。对话框的右侧分布着一列功能按钮，其功能与勘探区基本信息对话框的功能按钮相似。

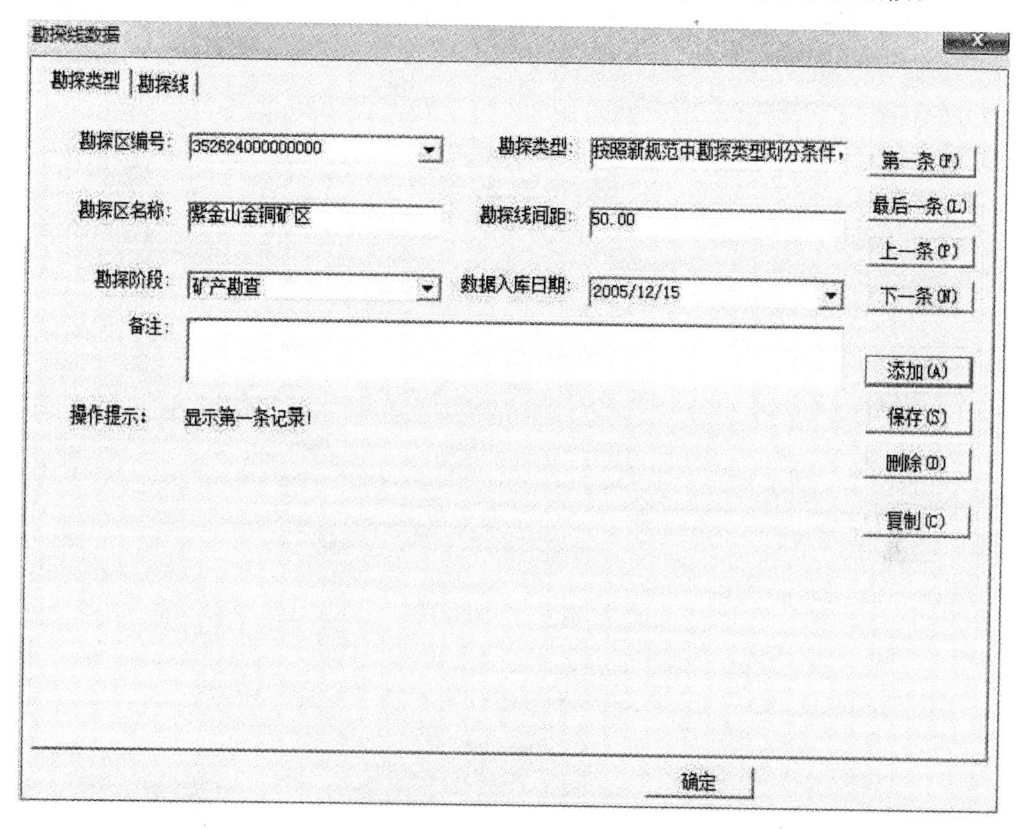

图 1-8　勘探类型

第二个属性页是勘探线，在图 1-9 所示的对话框中录入勘探线的各项数据。对话框的右侧分布着一列功能按钮，其功能与交通运输对话框的功能按钮相似。

(三)钻孔数据录入与管理

钻孔数据录入模块用于采集与录入钻孔的属性数据，方便数据的存储和查询，数据可以支持系统画钻孔柱状图和储量计算等。

点击主菜单的【数据管理 | 钻孔数据录入】，启动数据录入界面。钻孔数据录入窗口中主要包括以下几个属性页：钻孔概况、班报表数据、孔深校正与测斜、分层地质特征、水文观测、工程地质分层、测井。

1. 钻孔概况

第一个属性页是钻孔概况数据(图 1-10)，主要采集与钻孔基本情况相关的信息，如钻孔编号、钻孔类型、勘探阶段以及钻孔坐标信息等。该页面主要包括按钮、组合框、编辑框和时间控件输入框。右侧的一列功能按钮的主要功能如下。

第一个：显示本数据表中的第一条记录。

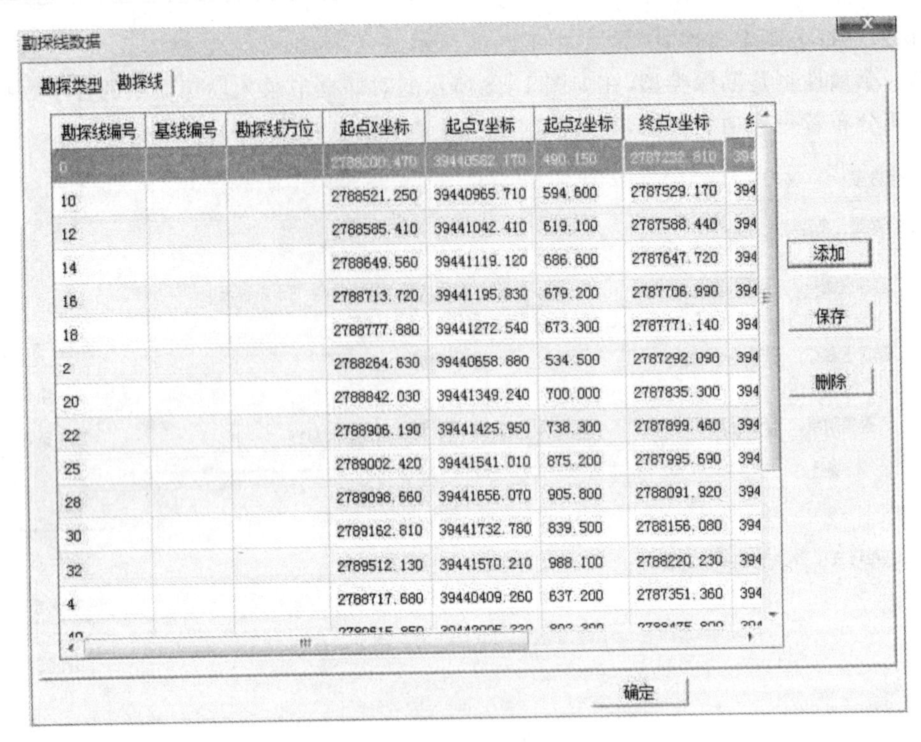

勘探线数据

勘探类型　勘探线

勘探线编号	基线编号	勘探线方位	起点X坐标	起点Y坐标	起点Z坐标	终点X坐标	终
0			2788200.470	39440582.170	490.150	2787232.810	39
10			2788521.250	39440965.710	594.600	2787529.170	394
12			2788585.410	39441042.410	619.100	2787588.440	394
14			2788649.560	39441119.120	686.600	2787647.720	394
16			2788713.720	39441195.830	679.200	2787706.990	394
18			2788777.880	39441272.540	673.300	2787771.140	394
2			2788264.630	39440658.880	534.500	2787292.090	394
20			2788842.030	39441349.240	700.000	2787835.300	394
22			2788906.190	39441425.950	738.300	2787899.460	394
25			2789002.420	39441541.010	875.200	2787995.690	394
28			2789098.660	39441656.070	905.800	2788091.920	394
30			2789162.810	39441732.780	839.500	2788156.080	394
32			2789512.130	39441570.210	988.100	2788220.230	394
4			2788717.680	39440409.260	637.200	2787351.360	394

添加　保存　删除

确定

图 1-9　勘探线

钻孔数据\勘探区(35262400000000)\钻孔编号(DZK001)

钻孔概况 | 班报表数据 | 孔深校正与测斜 | 分层地质特征 | 钻孔样品记录 | 水文观测 | 工程地质分层 | 测井

钻孔编号：DZK001　勘探线编号：402
钻孔方位角：244.000　钻孔倾角：90.000
终孔深度：600.140　X坐标：2786729.560
Y坐标：39440274.980　Z坐标：339.600
潜水面深度：　氧化分带深度：

矿区名称：紫金山铜金矿
钻孔类型：地质钻孔　勘探阶段：矿产详查
开孔日期：2007/ 5/ 5　完孔日期：2007/ 7/15
主要矿产：铜矿　次要矿产：金矿

施工单位：紫金山钻探队　编录单位：地质科
编录人员：薛凯　施工质量：合格
质检人员：　编录质量：
质量等级：
设计目的：
施工结果：
备注：
审核人：　审核日期：2013/ 4/ 3

操作提示：描述钻孔编号值，直接用ASCII码描述；必填项。

钻孔设计　第一个(F)　最后一个(L)　上一个(P)　下一个(N)　添加(A)　保存(S)　删除(D)　复制(C)

确定

图 1-10　钻孔概况录入界面

最后一个：显示本数据表中的最后一条记录。

上一个：显示本数据表中相对当前记录的上一条记录。

下一个：显示本数据表中相对当前记录的下一条记录。

添加：清空编辑框上显示的内容，等待接受新输入数据。

保存：保存当前输入或编辑过的一条记录，当保存的钻孔编号已经在数据库存在时，会给出是否覆盖原记录的提示。

删除：删除当前在界面上显示的一条记录。

复制：当输入数据时，当前显示记录与要输入数据相似时，按【复制】按钮清空钻孔编号，其他数据不变，加快数据输入。

组合框功能说明：除钻孔编号组合框外其他组合框只允许选择，当不需要选择时可以不选择任何项或选择“------”项，钻孔编号组合框可以从键盘输入，当从下拉列表框中选择已有的钻孔编号，自动显示已有的钻孔信息。

编辑框功能说明：根据要输入数据类型不同，编辑框接受的输入类型不同。如 X 坐标只可以接受数字类型和“.”，整数部分最大长度7位，小数部分最大长度3位。当不符合要求时，编辑框不接受输入。

2. 班报表数据

用鼠标点击第二个属性页的标签（即班报表数据），进入班报表数据录入属性页（图1-11）。该页面采用表格控件，上半部为班报数据，下半部为钻孔结构。每部分都有独立的添加、删除和保存按钮。

图1-11　班报表数据及钻孔结构数据录入界面

数据输入说明：根据字段类型不同，表格控件的每个单元可以接受的输入类型不同，比如班报数据→回次进尺只可以接受数字类型和小数点，钻孔结构→结构说明可以接受任何ASCII码字符，当双击班报数据→班次时会弹出下拉列表框，双击数据库入库日期会显示时间编辑框。

3. 孔深校正与测斜

用鼠标点击第三个属性页的标签（即孔深校正与测斜），进入孔深校正与测斜数据录入属性页（图1-12）。该页面采用表格控件，分为钻孔测斜记录、钻孔测斜技术数据表和孔深记录3部分。每部分都有独立的添加、删除和保存按钮。数据输入方式与班报表数据输入方式相同。

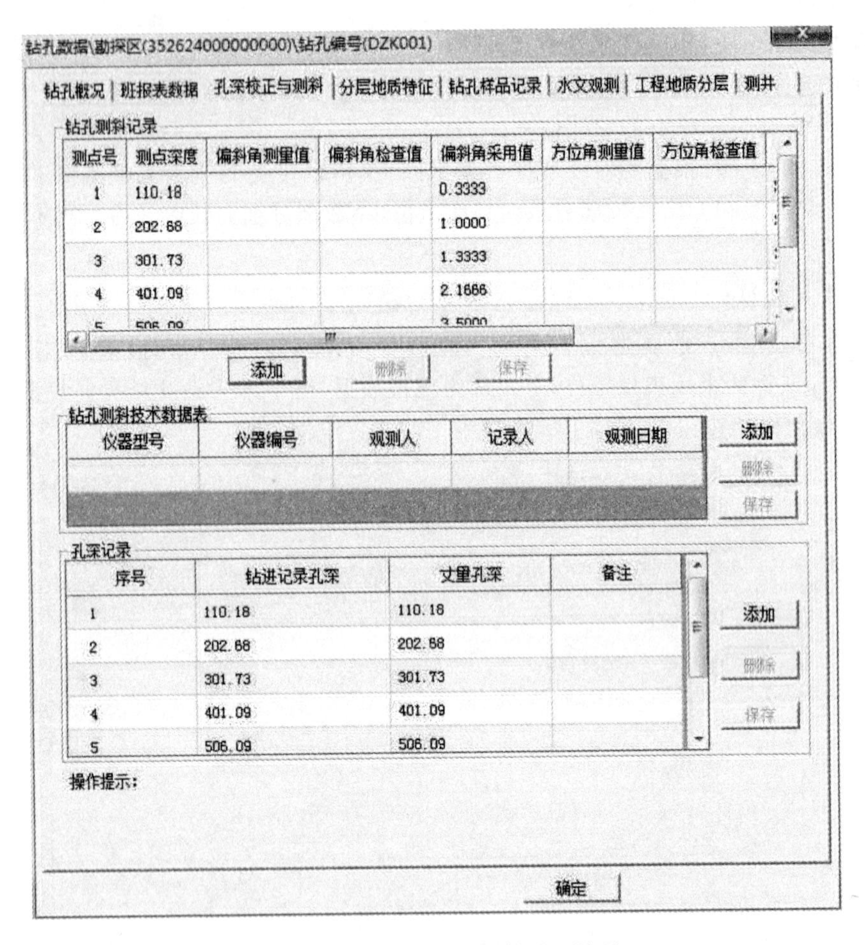

图1-12 孔深校正与测斜录入界面

4. 分层地质特征

用鼠标点击第四个属性页的标签（即分层地质特征），进入分层地质特征数据录入属性页（图1-13）。该页面上部采用表格控件，录入分层数据的主要内容，下部有一个大的编辑框，用于输入岩性详细描述。数据输入方式与班报表数据输入方式相同。

在窗口下部还有一排按钮，点击可以分别打开“标志面倾角”“断层描述”数据录入的窗口。

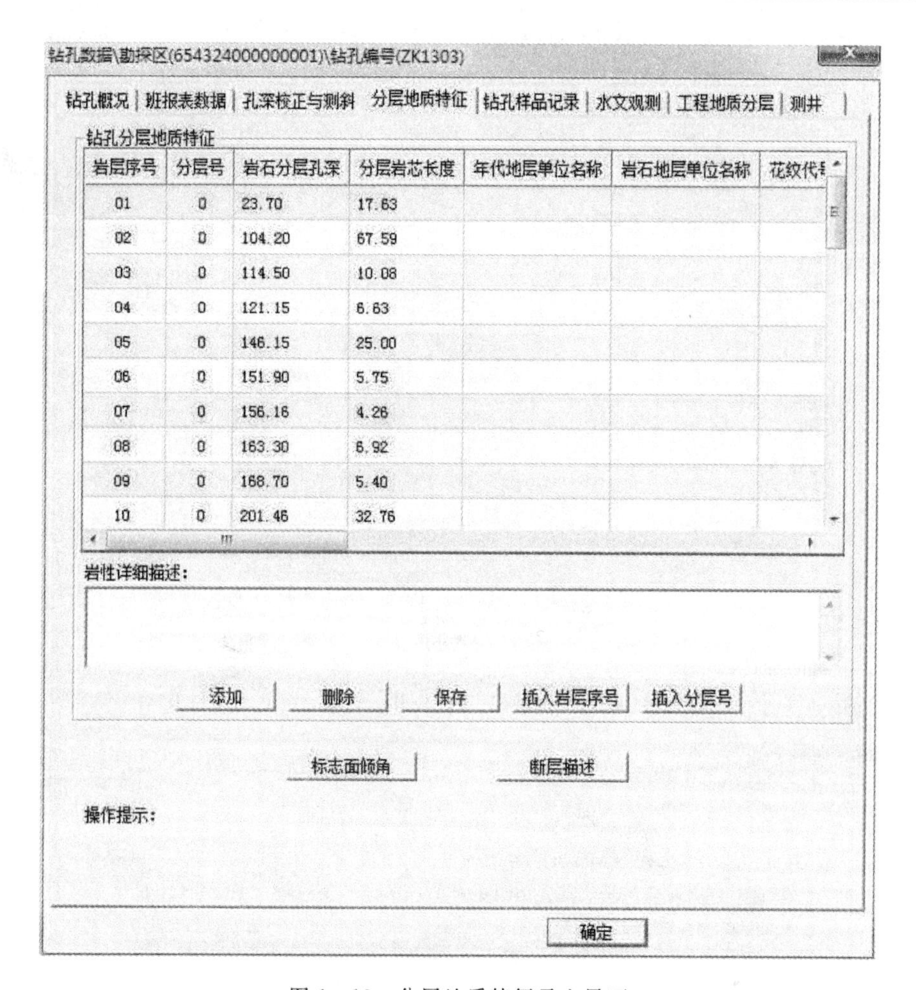

图 1－13　分层地质特征录入界面

5. 水文观测

用鼠标点击第六个属性页的标签(即水文观测)，进入水文观测数据录入属性页(图 1－14)。数据输入方式与班报表数据输入方式相同。

在窗口下部还有一排按钮，点击可以分别打开“冲洗液消耗量观测”“钻孔水文地质试验”“钻遇含水层情况”数据录入的窗口。

6. 工程地质分层

其功能与分层地质特征类似。如图 1－15 所示。

7. 测井

用鼠标点击第八个属性页的标签(即测井)，进入测井数据录入属性页(图 1－16)。测井概况中输入与测井相关的数据，数据之间有相应的约束关系，比如曲线比例不能为空，测井起始深度必须小于测井中止深度等，违反这些约束。测井方式中复选框中为使用的测井方式，选择复选框的先后顺序即为要导入的测井数据从左到右的次序，但应保证导入数据的最左一列为测点深度。

在窗口的右下部有两个按钮，实现把测井数据导入到数据库中的功能。

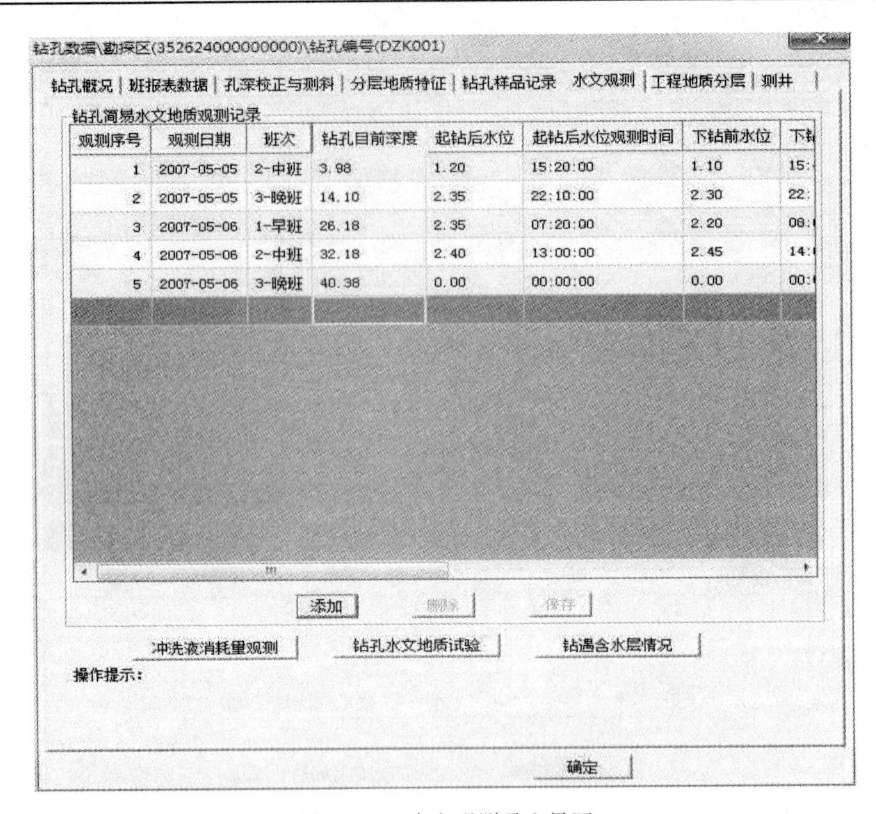

图 1-14　水文观测录入界面

图 1-15　工程地质分层录入界面

钻孔数据\勘探区(352624000000000)\钻孔编号(ZK001)

钻孔概况 | 班报表数据 | 孔深校正与测斜 | 分层地质特征 | 水文观测 | 测井

测井概况

曲线比例: 4　　测井组长: 88

测井起始深度: 5.000　　测井操作员: 8

测井中止深度: 7.000　　测井解释员: 8　　编辑

测井深度增量: 8.000　　数据登录员: 8　　保存

数据记录方式:　　测井日期: 2006- 4-28　　删除

数据入库日期: 2006- 3-17

测井方式

普通电极系电阻率测井　　密度测井　　声波测井　　导入

自然电位测井　　中子测井

自然伽玛测井　　热测井　　浏览

导入数据说明:

首先在"测井概况"保存数据,选择的测井方式的先后顺序既是要导入数据从左到右的顺序
应确保要导入的数据不含非数字类型的字符,且除文档末尾外不含空白行

操作提示: 描述曲线比例值,直接用文字或ASCII码描述。

确定　　取消　　应用(A)

图 1 - 16　测井数据录入界面

导入:导入测井数据。

浏览:浏览导入的测井数据。

导入数据流程:先在测井概况中保存一条记录,点击【导入】,弹出提示对话框(图 1 - 17),选择【是】,弹出打开文本文件对话框(图 1 - 18),双击选中的文件或单击【打开】,系统开始导入数据,当完成时弹出提示(图 1 - 19)。

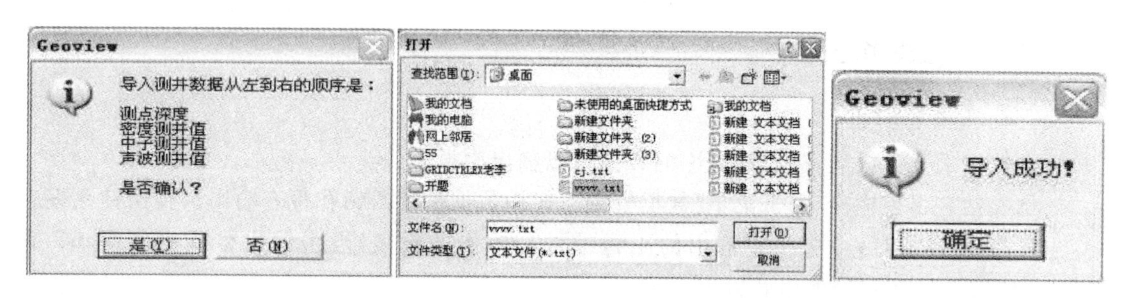

图 1 - 17　导入测井类型的提示　　图 1 - 18　打开要导入的测井数据　　图 1 - 19　导入成功提示

(四)平硐数据的录入与管理

平硐数据录入模块用于采集录入和保存平硐数据的基本信息。单击菜单【数据管理 | 坑道数据录入】,进入"坑道数据录入"界面(图 1 - 20),该界面是一个多属性页组成的综合数据

录入窗口，每个属性页对应一个数据表(即一个专题的数据)。包括 6 个属性页：坑道概况、坑道基线数据、分层地质特征(陡)、分层地质特征(缓)、掌子面概况、掌子面分层特征。其操作方式与钻孔数据类似，请参照操作。

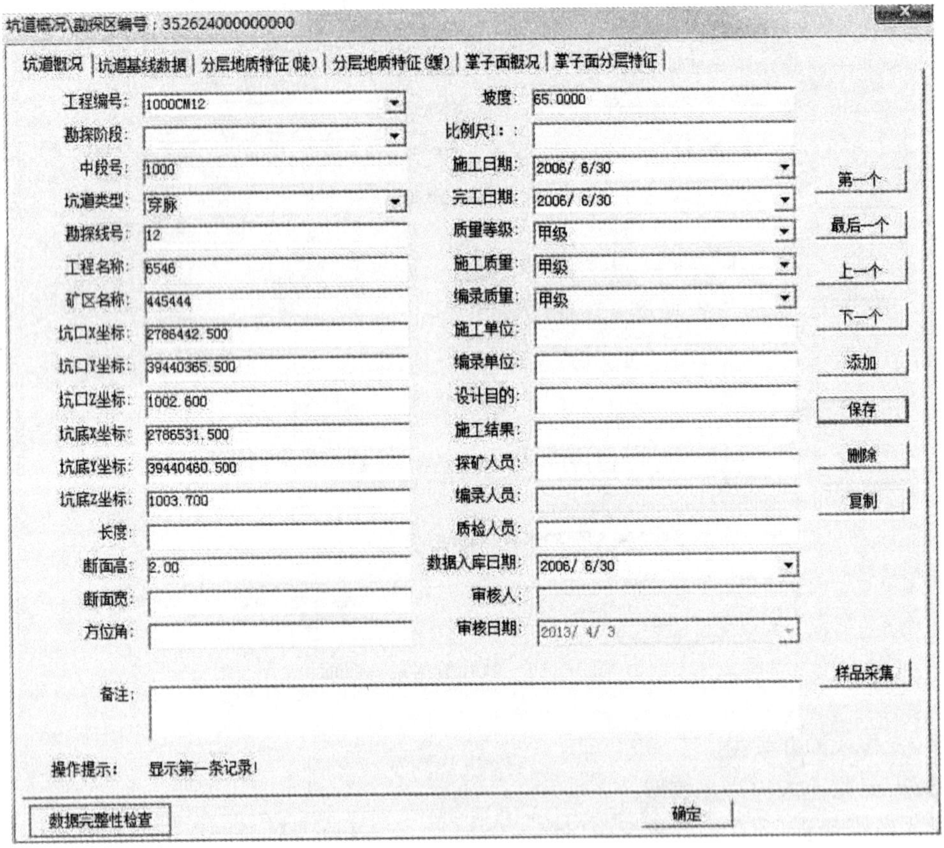

图 1－20　坑道数据录入窗口

(五)矿山数据输出

1. 钻孔报表输出

在数据采集完成后，进入数据库的数据可以输出为报表。

例如钻孔报表输出，点击菜单【数据管理｜矿山数据输出｜钻孔报表输出】，弹出钻孔报表输出界面(图 1－21)。选择要输出的工程编号和输出的报表，点击输出格式中的 Word 或 Excel按钮后，按照指定的格式输出。

2. 坑道报表输出

点击菜单【数据管理｜矿山数据输出｜坑道报表输出】，弹出坑道报表输出界面(图 1－22)。操作同钻孔报表输出，输出样式如图 1－23 所示。

(六)使用钻孔数据绘制钻孔柱状图

钻孔数据采集完成后，可以用于完成钻孔柱状图的编绘。钻孔柱状图是对采集的钻孔数

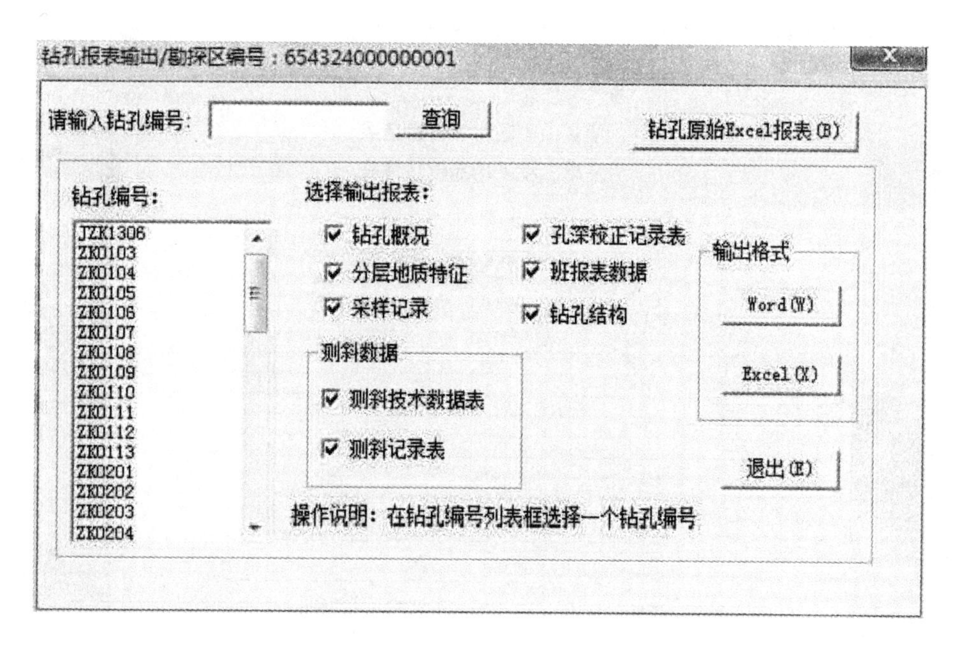

图 1－21　钻孔报表输出界面

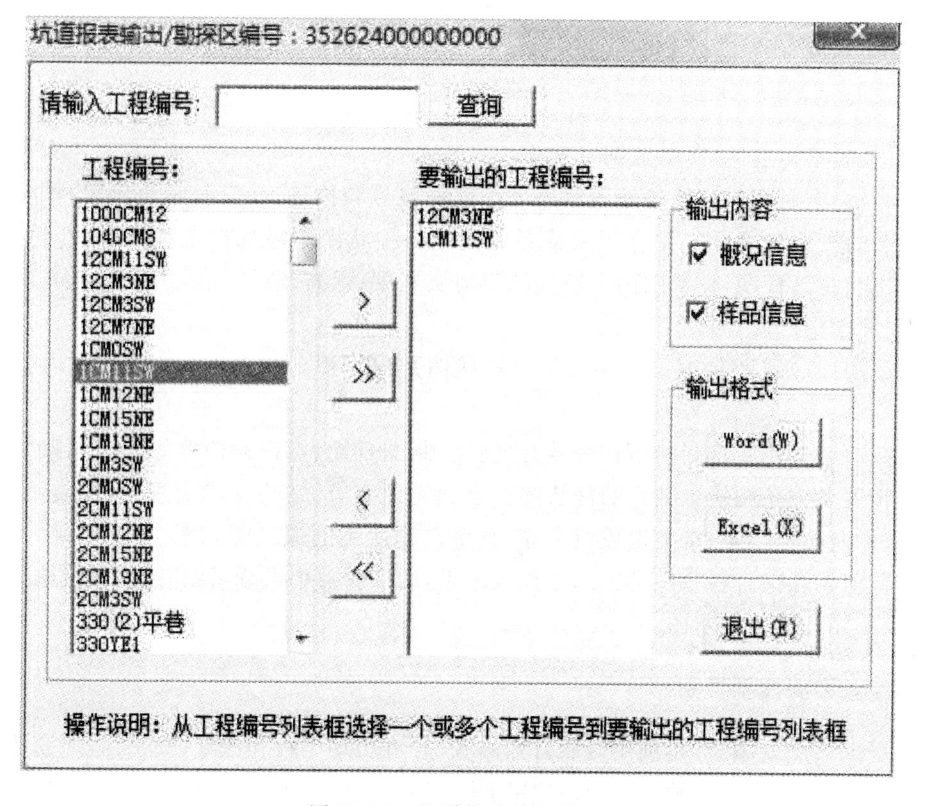

图 1－22　坑道报表输出界面

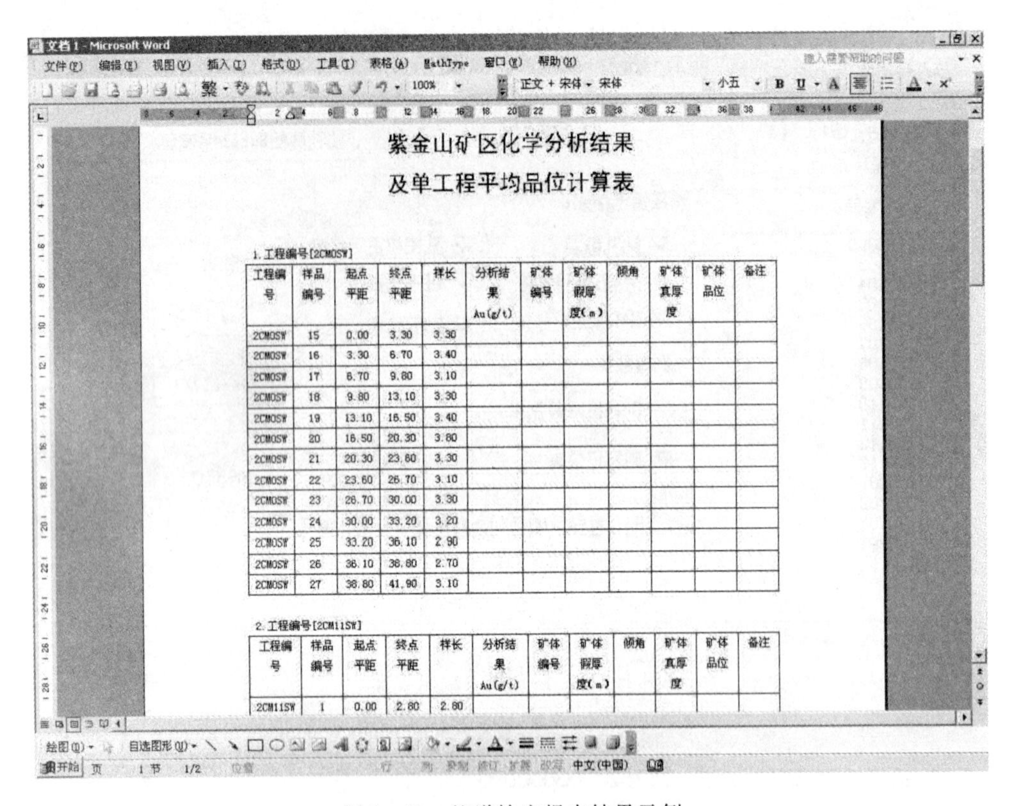

紫金山矿区化学分析结果

及单工程平均品位计算表

1.工程编号[2CM0SW]

工程编号	样品编号	起点平距	终点平距	样长	分析结果 Au(g/t)	矿体编号	矿体假厚度(m)	倾角	矿体真厚度	矿体品位	备注
2CM0SW	15	0.00	3.30	3.30							
2CM0SW	16	3.30	6.70	3.40							
2CM0SW	17	6.70	9.80	3.10							
2CM0SW	18	9.80	13.10	3.30							
2CM0SW	19	13.10	16.50	3.40							
2CM0SW	20	16.50	20.30	3.80							
2CM0SW	21	20.30	23.60	3.30							
2CM0SW	22	23.60	26.70	3.10							
2CM0SW	23	26.70	30.00	3.30							
2CM0SW	24	30.00	33.20	3.20							
2CM0SW	25	33.20	36.10	2.90							
2CM0SW	26	36.10	38.80	2.70							
2CM0SW	27	38.80	41.90	3.10							

2.工程编号[2CM11SW]

工程编号	样品编号	起点平距	终点平距	样长	分析结果 Au(g/t)	矿体编号	矿体假厚度(m)	倾角	矿体真厚度	矿体品位	备注
2CM11SW	1	0.00	2.80	2.80							

图 1-23　坑道输出报表结果示例

据的系统化、表格化表达，属于数据可视化。

绘制时，自上而下对钻遇的地质对象进行顺序编号和描述，并以一定比例尺、图例和符号绘图为图形。图例和符号应符合国家或行业规范。柱状图中应标出工程编号、孔号、孔口标高、地下水位、观测日期，柱状图内容应反映出地层厚度、标高、地层名称、颜色、成分、状态以及其他物理、化学指标等。

操作方法：选择【图件编绘 | 钻孔综合柱状图】菜单，弹出如图 1-24 所示的参数设置窗口。

在该窗口中选择要绘制的钻孔编号、比例尺、制图日期、责任表内容等，点击【确定】按钮，系统根据相关参数绘制指定钻孔的柱状图。绘制的内容有：钻孔基本信息、回次进尺、地质编录、样品取样及鉴定结果、水文地质编录等，系统自动绘制的成果图如图 1-25 所示。本次实习先感性认识钻孔综合柱状图的绘制过程及结果，后续实习中再练习编写代码，读取数据库中的数据，绘制钻孔综合柱状图。

(七)绘制勘探线剖面图

勘探线剖面图的编绘，是利用地表自然露头、轻型山地工程和深部探矿工程所获得的全部资料综合编制而成，主要反映矿床地质(特别是矿体、矿脉)沿倾向和纵深方向的变化情况。图件的主要内容有：剖面地形线和方位，坐标线及高程线，在勘探线上和投影于该勘探线上的各种勘探工程的位置及其编号，钻孔终孔深度、采样位置、样品编号及品位。绘制勘探线剖面图

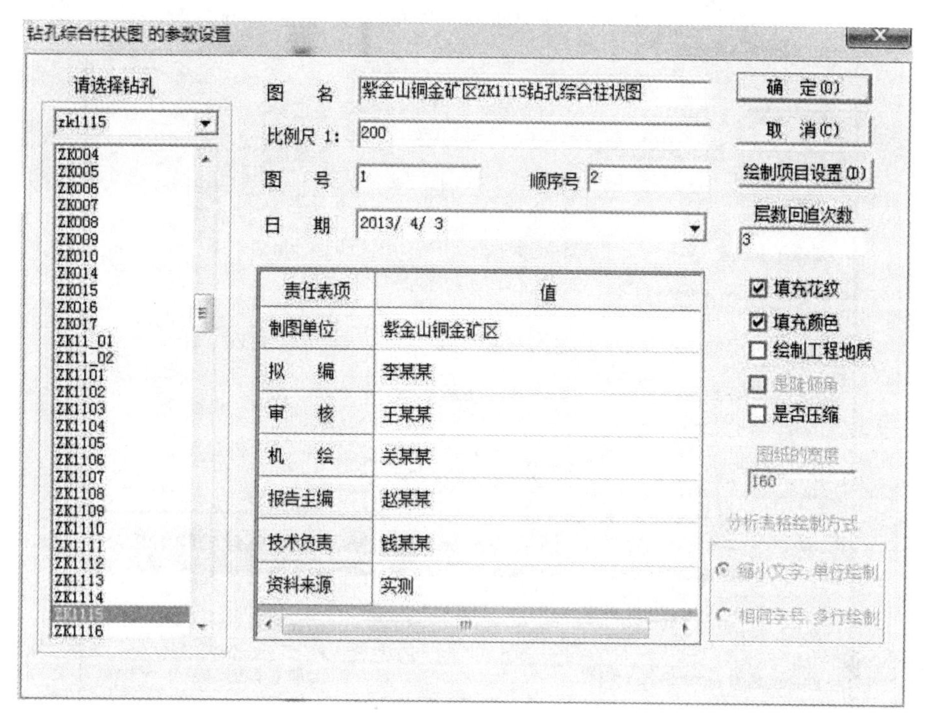

图 1-24　钻孔综合柱状图的参数设置窗口

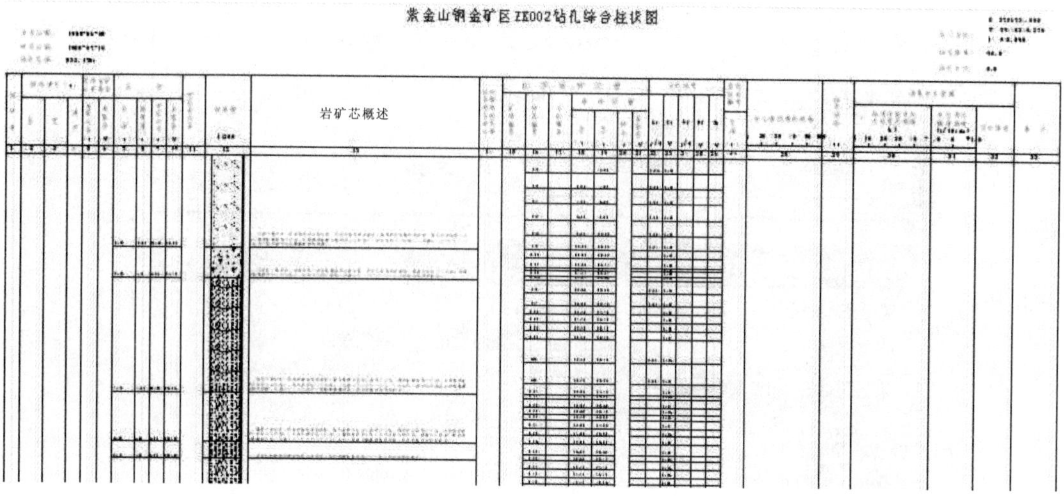

紫金山铜金矿区ZK002钻孔综合柱状图

岩矿芯概述

图 1-25　钻孔综合柱状图成果图

涉及到矿体圈定的参数,因此需要做圈矿指标的设置。

1. 储量估算本地数据库设置

选择【传统资源储量估算方法 | 资源储量本地数据库 | 数据库设置…】菜单,弹出如图 1-26所示的窗口,依次对 Cu、Zn、S 这 3 种计算对象进行边界品位和最低工业品位等参数的设置(以上设置只需要设置一次)。

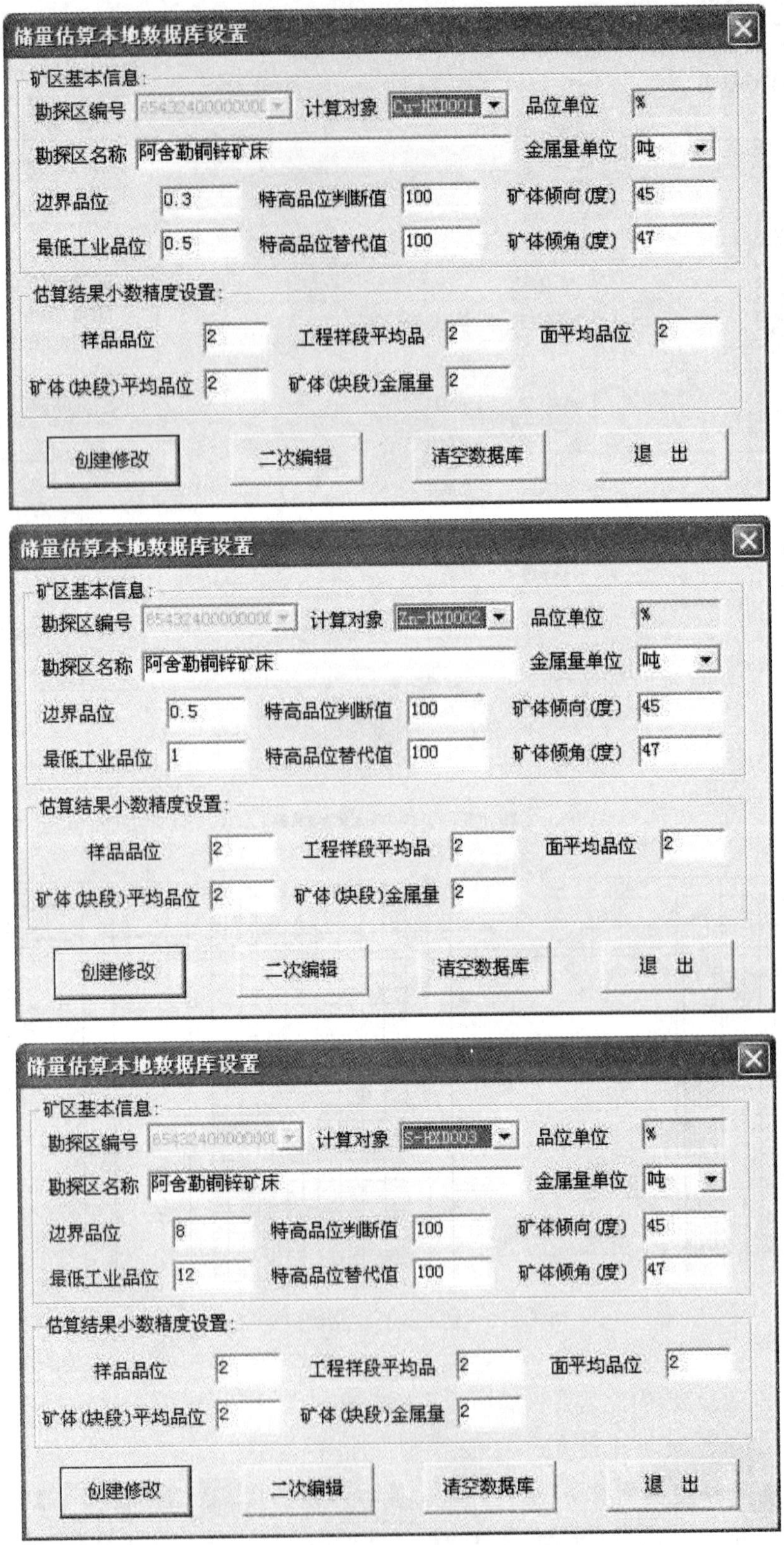

储量估算本地数据库设置

矿区基本信息:

勘探区编号 6543240000000(　计算对象 Cu-HXD001　品位单位 %

勘探区名称 阿舍勤铜锌矿床　金属量单位 吨

边界品位 0.3　特高品位判断值 100　矿体倾向(度) 45

最低工业品位 0.5　特高品位替代值 100　矿体倾角(度) 47

估算结果小数精度设置:

样品品位 2　工程样段平均品 2　面平均品位 2

矿体(块段)平均品位 2　矿体(块段)金属量 2

创建修改　二次编辑　清空数据库　退 出

储量估算本地数据库设置

矿区基本信息:

勘探区编号 6543240000000(　计算对象 Zn-HXD002　品位单位 %

勘探区名称 阿舍勤铜锌矿床　金属量单位 吨

边界品位 0.5　特高品位判断值 100　矿体倾向(度) 45

最低工业品位 1　特高品位替代值 100　矿体倾角(度) 47

估算结果小数精度设置:

样品品位 2　工程样段平均品 2　面平均品位 2

矿体(块段)平均品位 2　矿体(块段)金属量 2

创建修改　二次编辑　清空数据库　退 出

储量估算本地数据库设置

矿区基本信息:

勘探区编号 6543240000000(　计算对象 S-HXD003　品位单位 %

勘探区名称 阿舍勤铜锌矿床　金属量单位 吨

边界品位 8　特高品位判断值 100　矿体倾向(度) 45

最低工业品位 12　特高品位替代值 100　矿体倾角(度) 47

估算结果小数精度设置:

样品品位 2　工程样段平均品 2　面平均品位 2

矿体(块段)平均品位 2　矿体(块段)金属量 2

创建修改　二次编辑　清空数据库　退 出

图 1-26　储量估算本地数据库设置窗口

2.矿体边界圈定规则设置(矿石类型参数设置)

选择【传统资源储量估算方法｜单工程矿体边界圈定|矿体边界圈定规则设置】菜单，在弹出的界面中，设置如下4种矿石类型：

铜锌硫矿石(铜锌矿石)　0.3＜＝Cu&&Zn＞＝0.5　颜色(RBG):191、231、255

铜硫矿石(铜矿石)　0.3＜＝Cu&&Zn＜0.5　颜色(RBG):255、0、0

硫矿石(硫铁矿石)　Cu＜0.3&&Zn＜0.5&&S＞＝8　颜色(RBG):255、255、135

锌矿石　Zn＞＝0.5&&Cu＜0.3　颜色(RBG):148、255、148

优先级：铜锌硫矿石，小数位精度设置，都设置为2。如图1-27～图1-30所示。

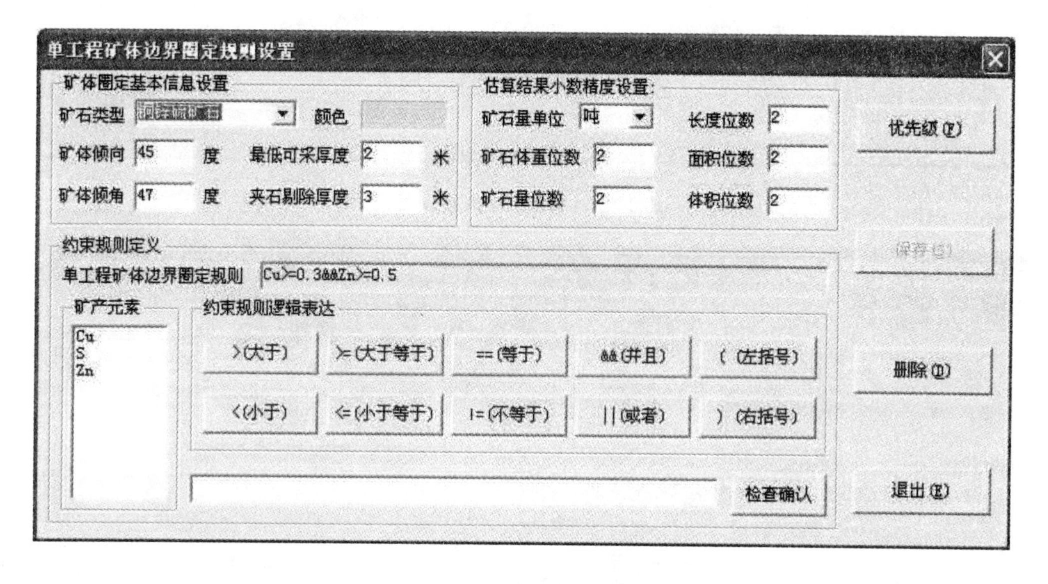

图1-27　铜锌硫矿石参数设置

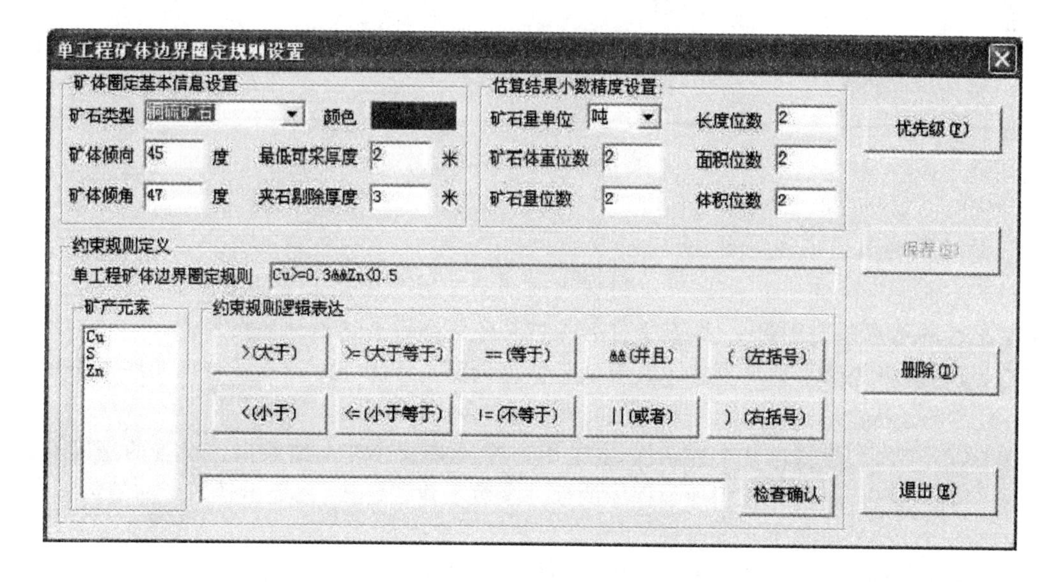

图1-28　铜硫矿石参数设置

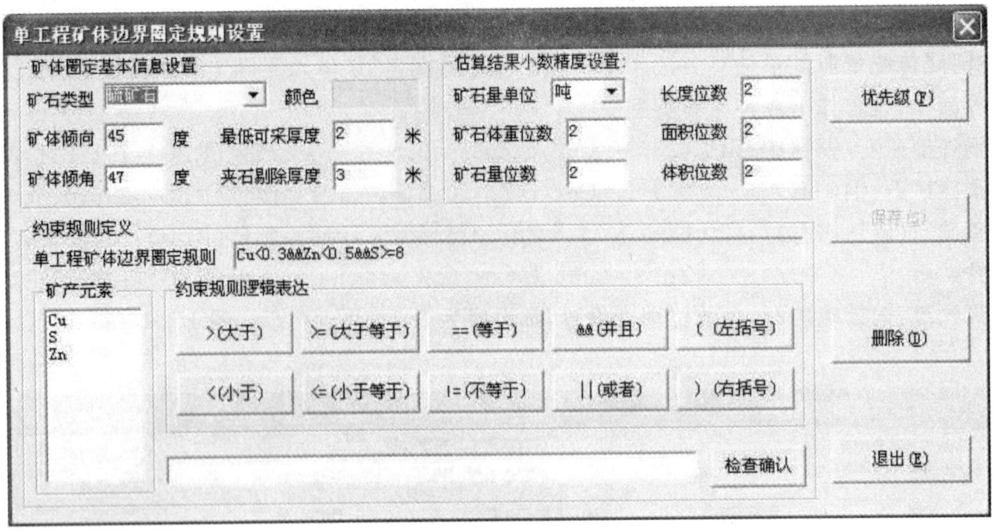

图 1-29　硫矿石参数设置

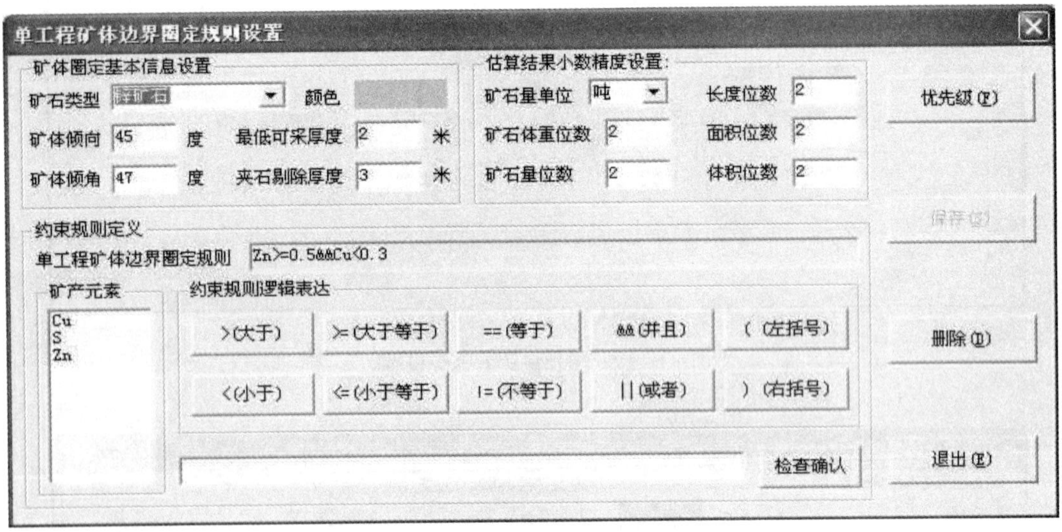

图 1-30　锌矿石参数设置

3. 勘探线剖面图底图绘制

打开当前勘探区的地形地质图，并设置当前活动工程为该地形地质图。本实例中已经提供了某矿区的地形地质图形文件，其文件名为："某矿区铜锌矿地形地质图.2dprj"。

选择【传统资源储量估算方法｜资源储量估算剖面图件编制｜勘探线剖面图底图绘制】菜单。

第一次绘制时，会弹出几个提示框，要求用户确认储量计算本地数据库设置的正确性，一旦开始正式制图后，储量计算本地数据库的部分参数不建议修改，以免出现图形和储量设置的参数不匹配的情况，如图 1-31 所示。

点击【确定】按钮后，弹出已经设置完毕的储量估算本地数据库设置对话框，供用户检查参数设置的正确性，如参数无误，点击【退出】按钮。如图 1-32、图 1-33 所示。

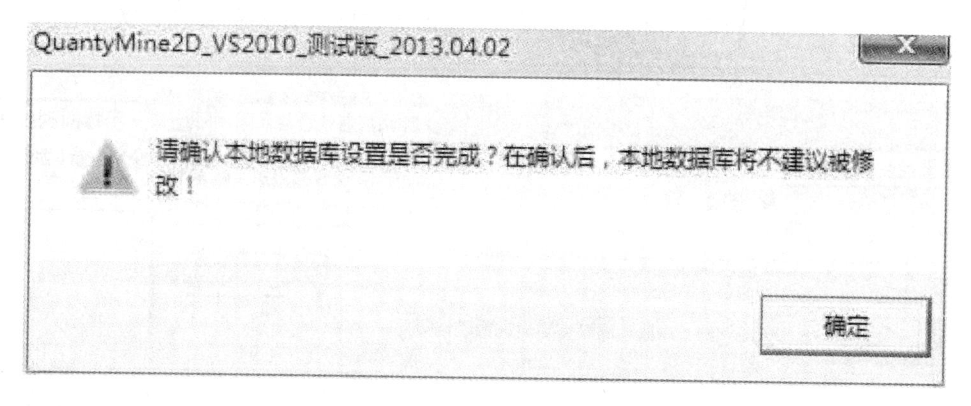

图 1-31　数据库设置提示

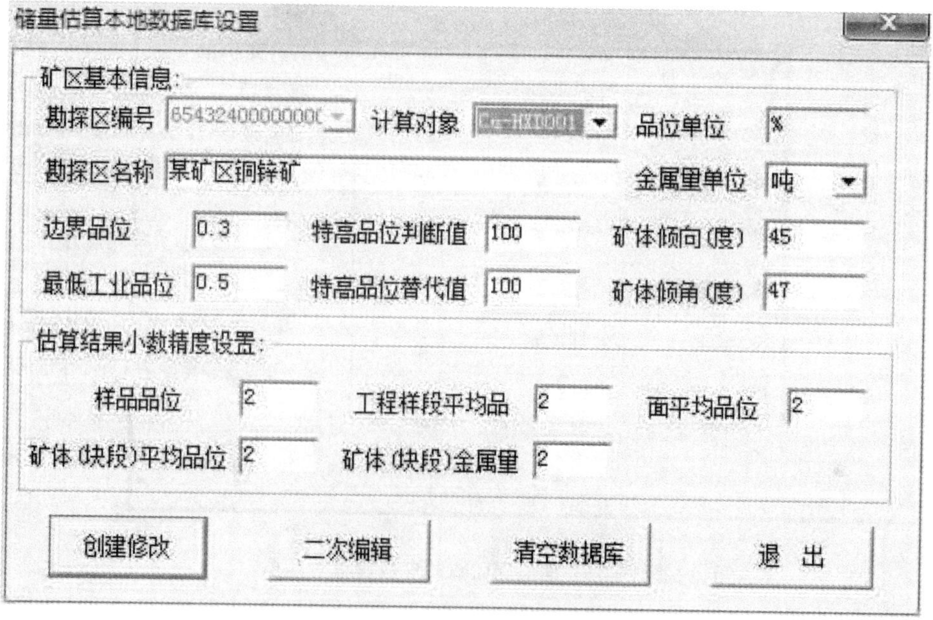

储量估算本地数据库设置

矿区基本信息：

勘探区编号 654324000000(　计算对象 Cu-HX0001　品位单位 %

勘探区名称 某矿区铜锌矿　金属量单位 吨

边界品位 0.3　特高品位判断值 100　矿体倾向(度) 45

最低工业品位 0.5　特高品位替代值 100　矿体倾角(度) 47

估算结果小数精度设置：

样品品位 2　工程样段平均品 2　面平均品位 2

矿体(块段)平均品位 2　矿体(块段)金属量 2

创建修改　二次编辑　清空数据库　退　出

图 1-32　检查参数设置的正确性

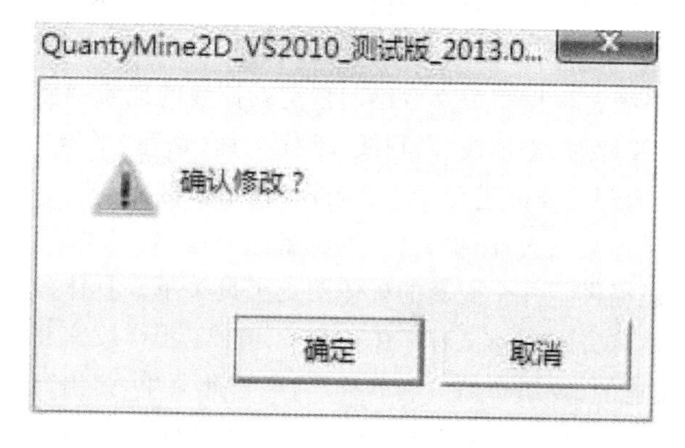

图 1-33　检查参数设置

确认修改后，会弹出如图 1-34 所示的窗口，设置剖面图的各种制图的参数。

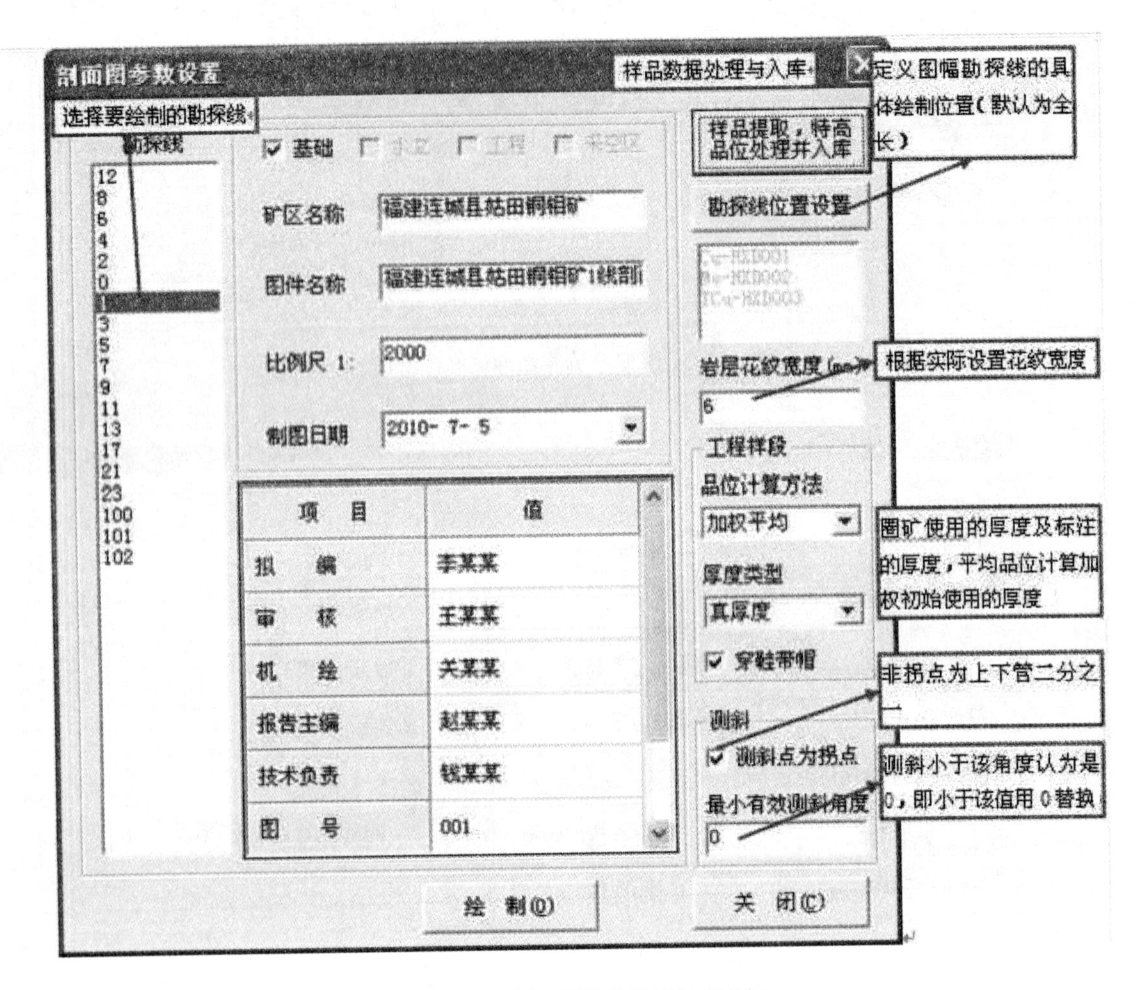

图 1-34 地质剖面图的参数设置对话框

在该窗口中选择要绘制的勘探剖面线编号、图件比例尺、制图日期、责任表内容等，最后点击【样品提取，特高品位处理并入库】按钮，在弹出新的对话框中(图 1-35)，获取样品品位信息，点击【数据入库】按钮，返回到上图界面，准备绘图(图 1-36)。

点击【绘制】按钮，系统将根据相关参数绘制指定勘探线的地质剖面图，如图 1-37 所示。

该图中绘制了剖面线地形、坐标线、高程线、勘探工程(钻孔、平硐)及其采样内容，并根据储量计算参数对各工程内部的样品进行了组合，按颜色给以区分。

保存当前剖面图，保存类型为：图幅文件(扩展名.geo)。

为方便矿体划分，还提供了几个配套的矿体圈定工具菜单。具体操作方法如下。

1)【传统资源储量估算方法 | 单工程矿体边界圈定 | 工程样段交互建立】

从图中选择首尾相连的、要组合到一起的样品，点选此菜单，弹出窗口，显示被选中的样品数据，点击【确定】按钮，系统将会生成一条线表示该组合样的形态，该线元同时包含了其起止工程及样品的信息，如图 1-38、图 1-39 所示。

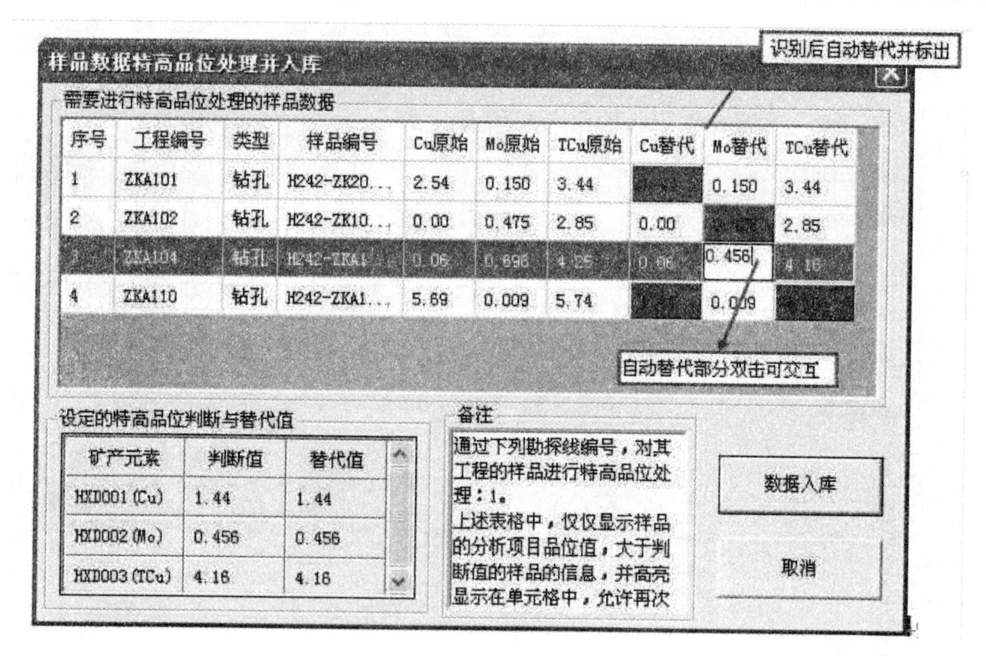

图 1-35　特高品位数据预处理界面

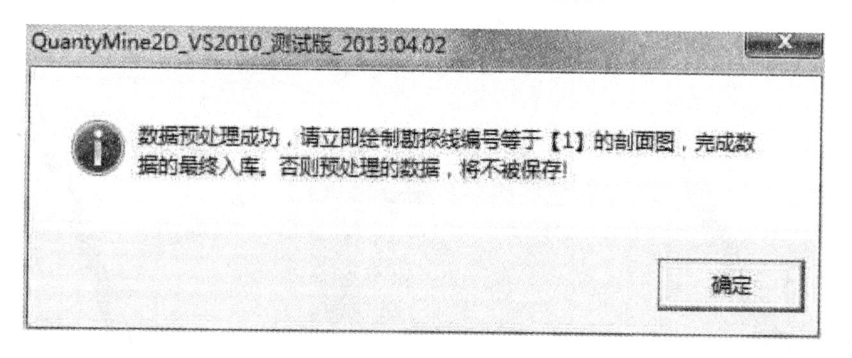

图 1-36　数据预处理

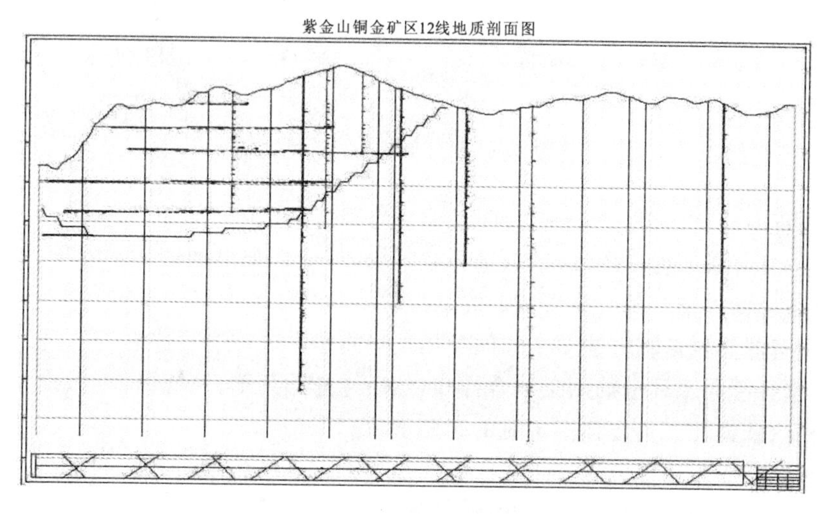

图 1-37　系统自动绘制的勘探线剖面图草图

工程样段交互建立

样品编号	样品长度	计算厚度	样品类型	Cu	Zn	S
8746H-5387	2	2	铜	0.98	0.15	24.71
8746H-5388	1.7	1.7	UNKNOWN	0.4	0.13	22.01
8746H-5389	2	2	铜	0.84	0.23	24.61
8746H-5390	2.23	2.23	铜	0.79	0.14	29.87
总计	7.93	7.93	铜	6.08	1.29	202.67
平均品位			铜	0.77	0.16	25.56

品位计算方法：加权平均品位

品位计算厚度类型：样长

确定(O)　取消(C)

图 1-38　工程样段交互建立

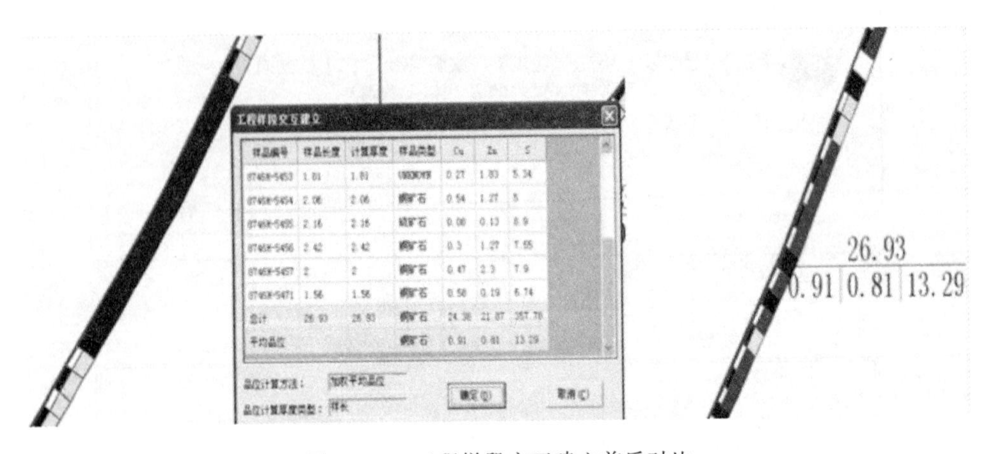

图 1-39　工程样段交互建立前后对比

2)【传统资源储量估算方法｜工程间矿体边界圈定｜矿体外推】

从图中选择一条工程样段线，然后选择此菜单，系统将弹出如图 1-40 所示的界面，要求输入依据该组合样外推时的必要参数。

3)【传统资源储量估算方法｜工程间矿体边界圈定｜矿体边界连】

从图中选择不同工程上的两条组合样线，然后选择此菜单，系统将弹出如图 1-41 所示的界面，要求输入依据此二组合样圈定时的必要参数。

4)【传统资源储量估算方法｜工程间矿体边界圈定｜矿体剖面建】

从图中选择一组封闭的组合样线及矿体界线，选择此菜单后将生成一个面元，并要求用户

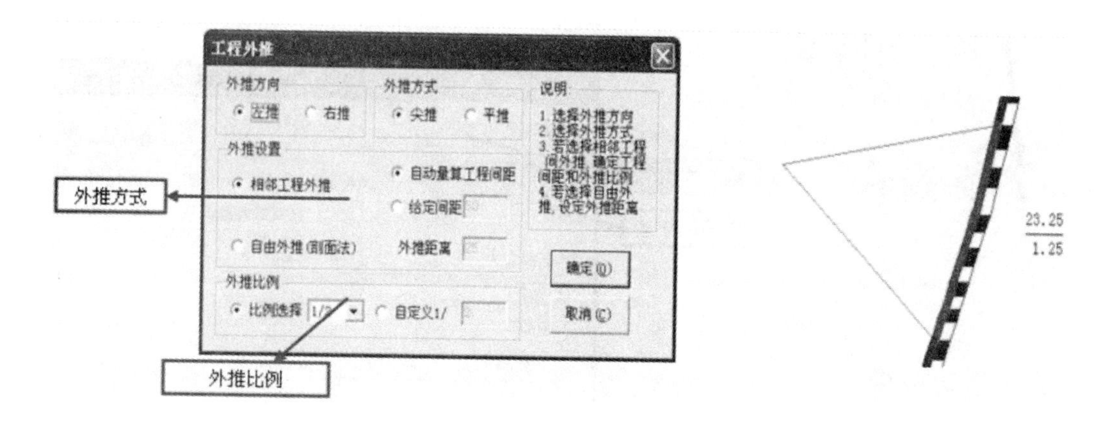

图 1-40　地质剖面矿体边界圈定——工程外推对话框

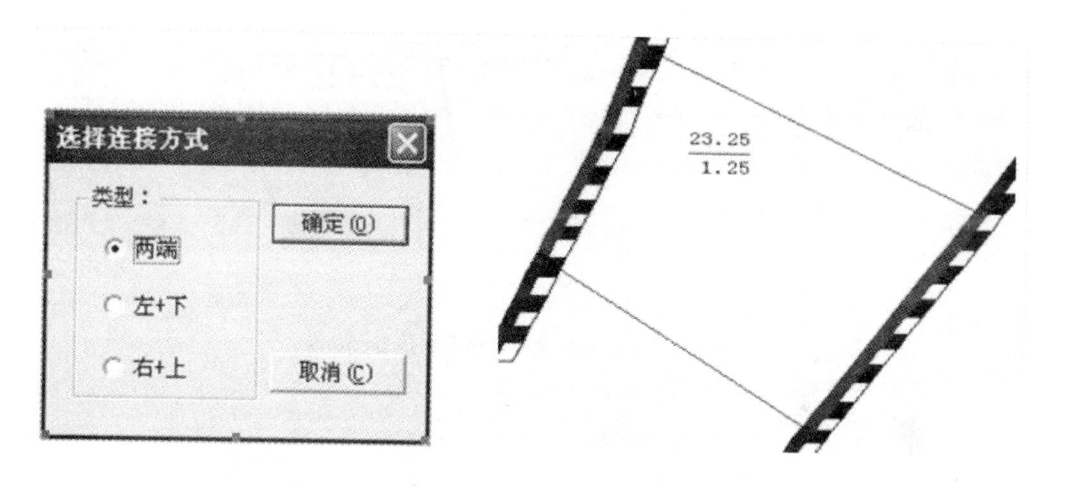

图 1-41　地质剖面中矿体连接方式选择对话框

输入该矿体面元的相关参数，录入窗口如图 1-42 所示。其中“面积大小”和“平均品位”两个参数是系统计算出的。

5)【传统资源储量估算方法 | 单工程矿体边界圈定 | 选择特定图】

由于图件上图元较多，在上述选择图元的过程中容易误选，因此可以通过本菜单进行有针对性的选择，在如图 1-43 所示的窗口中指出要选择的图元类型，系统将在已选中的图元中进一步筛选。

经过上述操作后，绘制出的剖面图大致如图 1-44 所示。

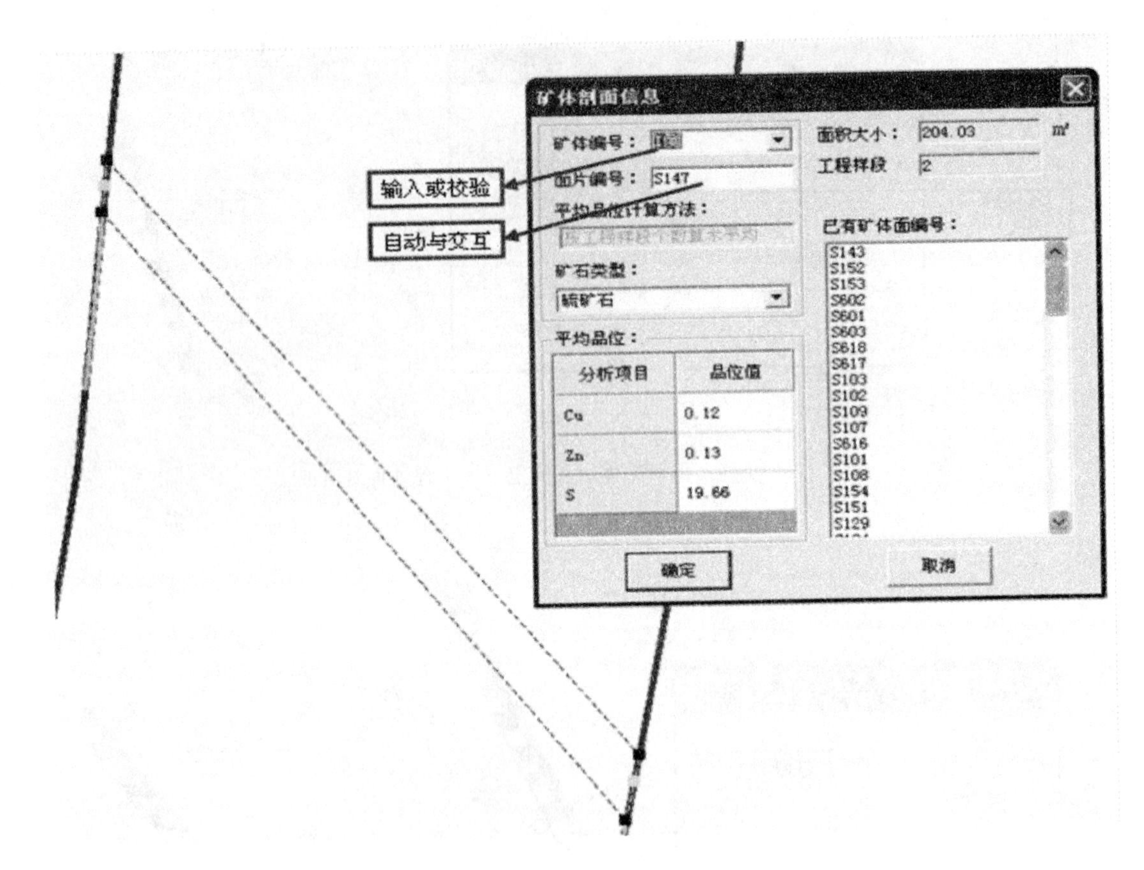

图 1-42　地质剖面中矿体剖面信息对话框

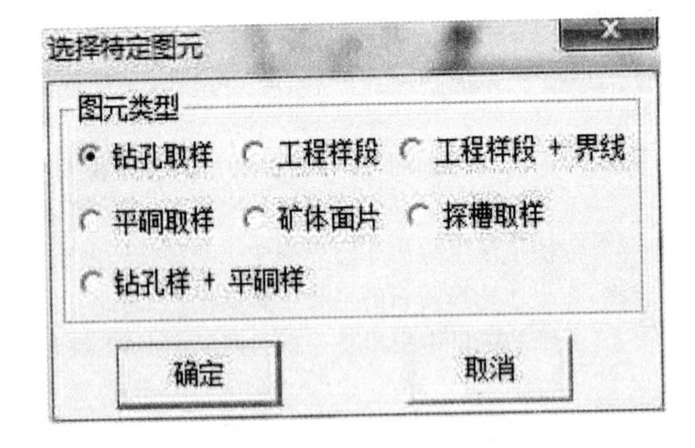

图 1-43　地质剖面中选择特定图元的对话框

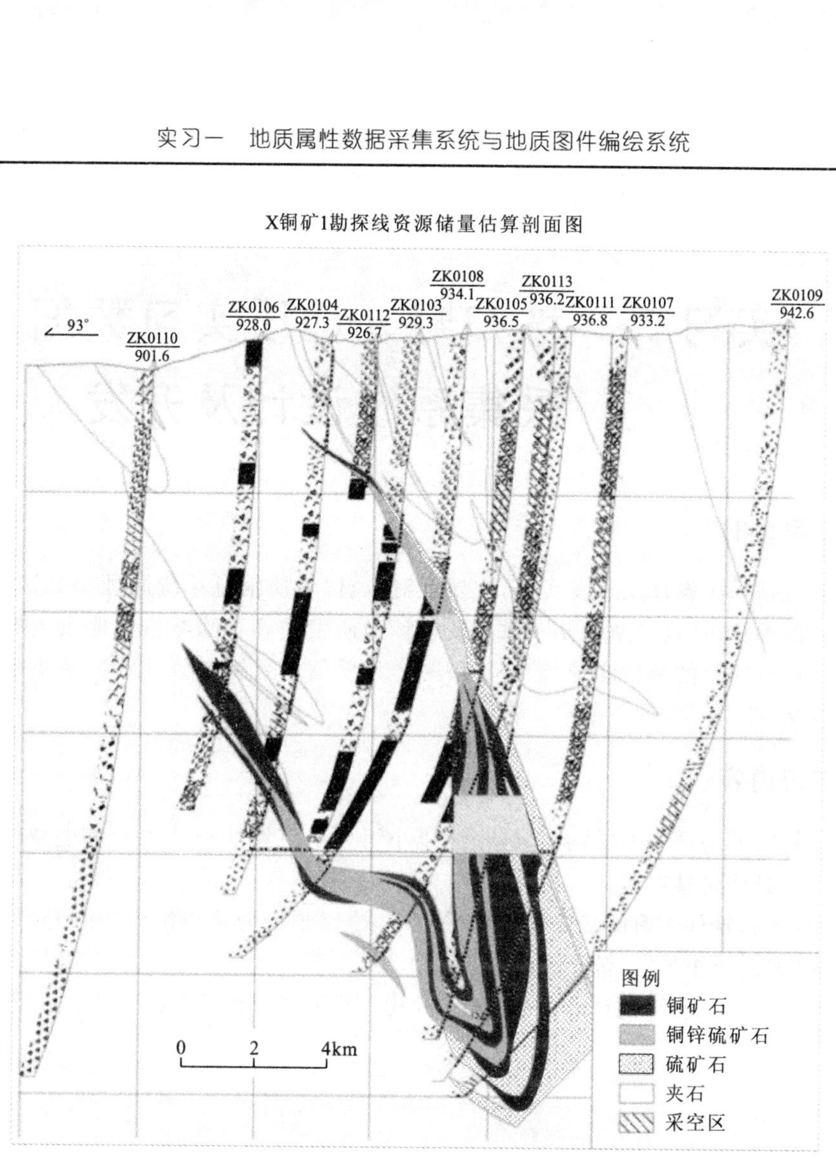

图1-44　地质剖面绘制成果图样式

实习二　秭归野外地质实习数据采集系统设计及开发

一、实习目的

本次实习是一次设计及开发实习，主要针对教材《地质信息系统原理与方法》第一章地质信息系统的需求分析、第二章和第三章系统设计与研发内容。练习典型地质数据野外采集系统的设计及核心模块的编程实现，综合了解一个地质信息系统中野外数据采集系统的设计方法及开发方法。

二、实习内容

结合秭归野外地质实习的内容和流程，以小组为单位设计和开发一个小型的野外地质数据采集系统。具体包括：

(1)分析秭归野外实习的场景和数据采集需求，以小组为单位编写“秭归野外地质实习数据采集系统”的设计报告，可分工完成。

(2)在需求分析、系统设计的基础上，针对其中选定的一到两个核心功能进行开发实现，验证设计的可行性。

三、实习要求

掌握一个小型地质信息系统的概要设计、详细设计报告的编写方法。掌握数据采集模块核心功能的编程实现方法。

四、实习成果

提交概要设计报告、详细设计报告和核心模块实现成果。

五、操作方法与步骤

(一)需求分析(参见教材第二章)

(二)概要设计(参见教材第二章)

(三)详细设计(参见教材第二章)

(四)编码实现

(五)参考资料

1. 野外地质工作流程及野外数据采集系统框架

野外地质调查工作的一般工作流程如图 2-1 所示。

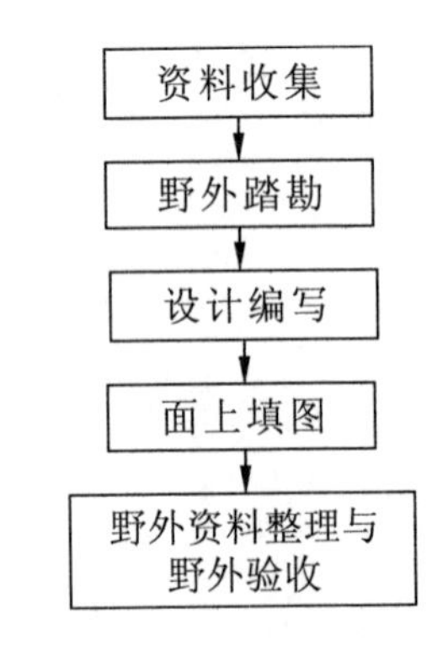

图 2-1　野外地质调查工作流程

基于便携机和掌上机的野外地质数据采集系统框架如图 2-2 所示。

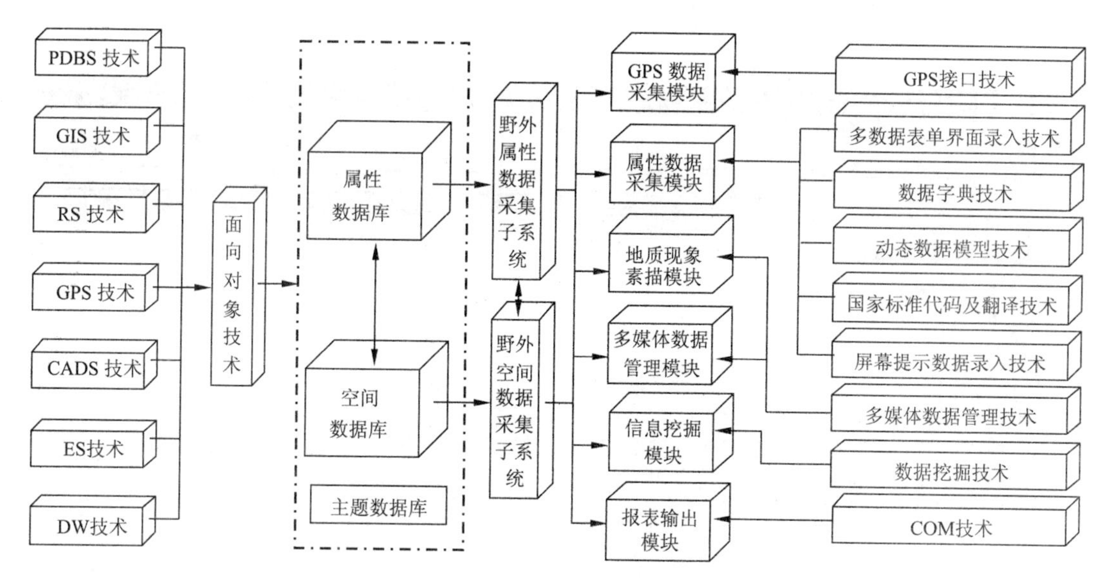

图 2-2　野外数据采集子系统框架

2. 野外属性数据的采集

野外地质调查期间的地质属性数据采集，主要是进行工作区内的地质剖面、地质路线及地质点观察、描述和记录。

1)实测剖面上的属性数据采集

实测剖面的属性数据采集是秭归野外地质实习数据采集系统中的一个重要模块。实现工作人员利用与野外实际工作流程相对应的数据记录表格和对话框，在现场直接数字化采集数据。

工作流程大致确定如图 2-3 所示。

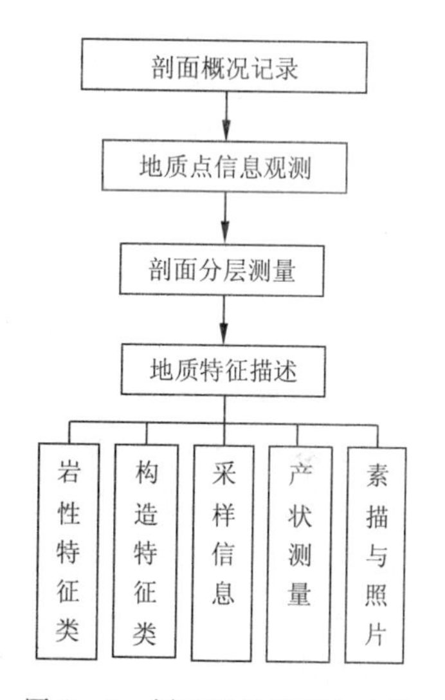

图 2-3　剖面测量顺序与内容

实测剖面的属性数据记录内容。剖面的观测与记录体现了以剖面线整体特征为基础，由若干地质点控制分层测量的思想：观测与记录时先记录剖面线整体特征，然后是地质点特征，向下为分层测量与特征记录。

实测剖面丈量表及计算表要详细记录导线号，导线方位，导线长度，坡度，分层号，分层斜距，岩性，岩相，构造，各类面理(岩层、沉积交错层前积纹层、构造置换面理、岩浆岩流面、断层面等)、线理(各类构造线理、岩浆岩流线等)产状及测量位量，以及各类样品采样位置、照相或素描位置等。在室内资料整理时，要完成相关计算表中要求的各项计算。

为了保证工作的连续性和数据的一致性，机助方式所使用的实测剖面数据表与传统手工方式一样(图 2-4)，不同之处是略去了计算表。野外工作人员只需按照便携机屏幕显示的空白表单，如同传统的纸上作业般地用键盘依次填入观测数据即可。确认填入数据无误后，敲击回车键加以确认，便完成了一轮数据输入。如果发现填入的数据有误，还可以随时调出修改。每录完一段剖面的数据后，工作人员可以立即调用剖面图编绘模块，分段或合并几段显示出剖面图形，进行观察、分析。

地层实测剖面记录表

剖面名称：　　剖面代号：　　起点高程：　(米)　终点高程：　(米)

	导线序号	导线长	导线方位	视坡角	分层号	分层斜距	倾向	倾角	岩石定名	岩
0	1,2	L(m)	B(度)	p(度)	1,2,3...	l(m)	A(度)	a(度)	如：砂岩	颜
1										
2										
3										
4										
5										
6										

注意：如果遇到断层，将断层面作为一个分层点请在分层号中填上 F 或 f 并依次填上分层斜距、产状，断层性质填在地质简述中，如 正断层或逆断层

记录者：　　日期：

绘图　数据入库　取消

图 2-4　基于便携机的实测剖面辅助测制系统数据记录表示例

2)野外地质调查中地质点的属性数据采集

野外地质调查是用路线观测方式，即以一定间距的观察路线和控制点地质点为对象，进行系统的观察、研究和记录，以取得准确、可靠的第一手资料。

(1)路线地质调查的工作程序。

路线地质调查的工作程序如图 2-5 所示，主要内容包括：认真观察、研究露头上的地质特征(对沉积岩来讲，特别要注意基本层序的特征)；确定地质界线的位置及接触关系特征；测量地质体的产状及其他构造要素；采集与寻找化石；采集必要的标本或样品；进行详细的文字记录；绘制必要的素描图和信手剖面图；追索与填绘地质界线；沿前进方向连续观察、测量、记录直至下一个观察点。

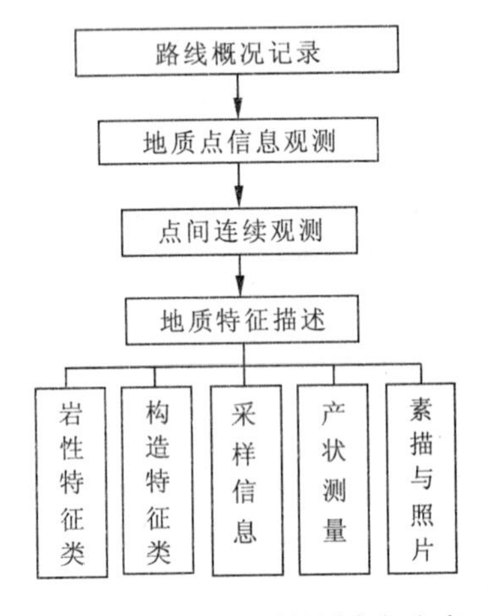

图 2-5　路线的测量顺序与内容

(2)路线地质观测的属性数据记录内容。

调查记录是所观察到的地质现象特征的文字和图形表述，是所填制地质图的直接依据，也是开展综合研究、编写地质报告的基础资料。野外记录的内容是否丰富、准确，是否与客观实际相吻合，是影响工作成果质量的关键性因素。因而对于地质路线记录应首先保证其客观性，同时还应注意记录的完整性、连续性、统一性和直观性。

路线地质调查记录的内容包括(图 2-6)：路线一般信息(工作日期、路线起点地理位置、图幅与坐标、同行地质人员、信手剖面等)，地质点一般信息(观察点的编号及所在图幅与坐标、地理位置等)，以及观察点与观察点间地质情况的连续详细记录(地质内容、各种测量数据、采集的标本样品、素描与照相记录等)。在调查过程中，还应该尽量收集各类物化探异常及部分

验证资料、矿化与矿点的地表检查资料、区内的矿床(点)资料，为进一步找矿提供地质依据和标志。此外，在路线地质观测中还应该对泉水、温泉情况，进行记录和采样，并研究其出露的地质构造条件；对具有旅游观赏价值和科学普及意义的典型地质现象和地理地貌景观，以及有关生态环境、灾害地质、工程地质、水文地质、农业地质等方面的资料，都应按有关规范、规定要求进行观测、记录和整理。

关于地质点的布置，应以有效地控制各种地质现象为原则，一般布置在重要地质界线、重要构造界线、标志层及变质相带界线上，以及矿化层或矿化露头上。地质点布置的密度视地质条件复杂程度而定，目前没有统一规定。

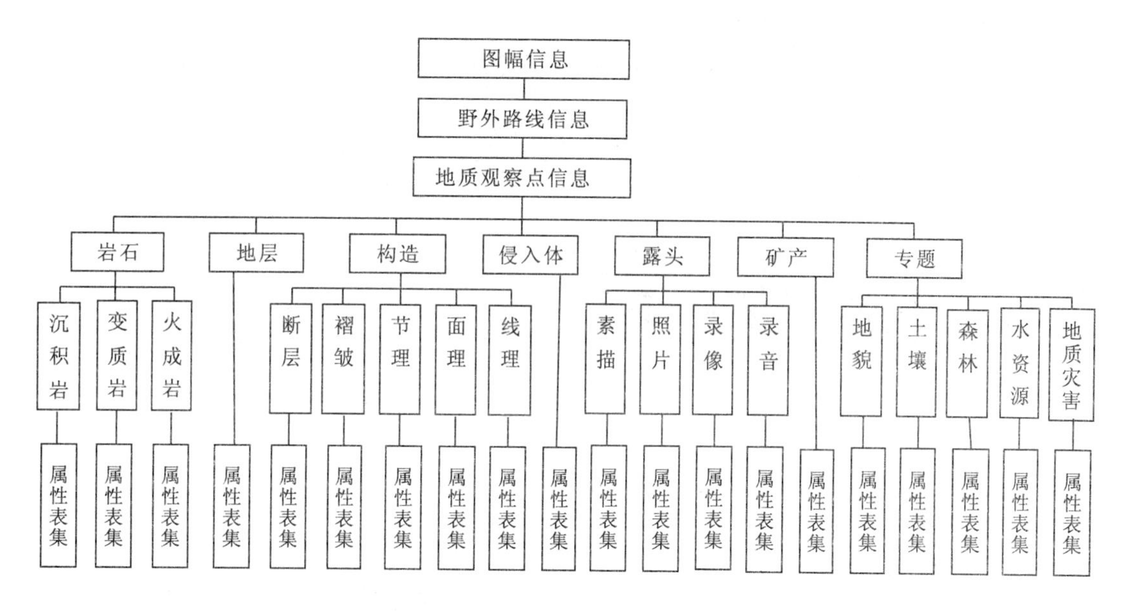

图 2-6　野外地质属性数据谱系图

(3)路线地质观测的野外地质属性数据数字化采集方法。

基于便携机的路线地质观测的属性数据采集子系统(刘刚等，2004)的界面可以设计为一个主界面(图 2-7)，外加少数几个辅助界面。在野外记录时一般只要使用主界面就可以录入几乎全部的地质属性数据。界面设计中充分使用和扩充 Windows 控键的功能。与实测剖面的数据记录一样，野外工作人员只需按照计算机屏幕显示的空白表单，如同传统的纸上作业般地用键盘依次填入观测数据即可。确认填入数据无误后，敲击回车键加以确认，便完成了一轮数据输入。如果发现填入的数据有误，还可以随时调出修改。各种属性数据表及其实体关系图如图 2-8 所示。

3. 野外空间数据采集系统

1)空间数据的组织、管理模式

区域地质调查的野外工作所涉及的空间数据，主要有地质点、观测路线和实测剖面的空间位置的 GPS 定位数据，以及地质体的几何形态和拓扑关系等。这些空间数据主要表现为点状特征、线状特征和面状特征(图 2-9)，其中点状特征主要来自地层观察点、采样点、化石点、产状测量点、钻探点等，线状特征来自地质观察路线、地质界线、断层、褶皱轴迹等，而面状特征来

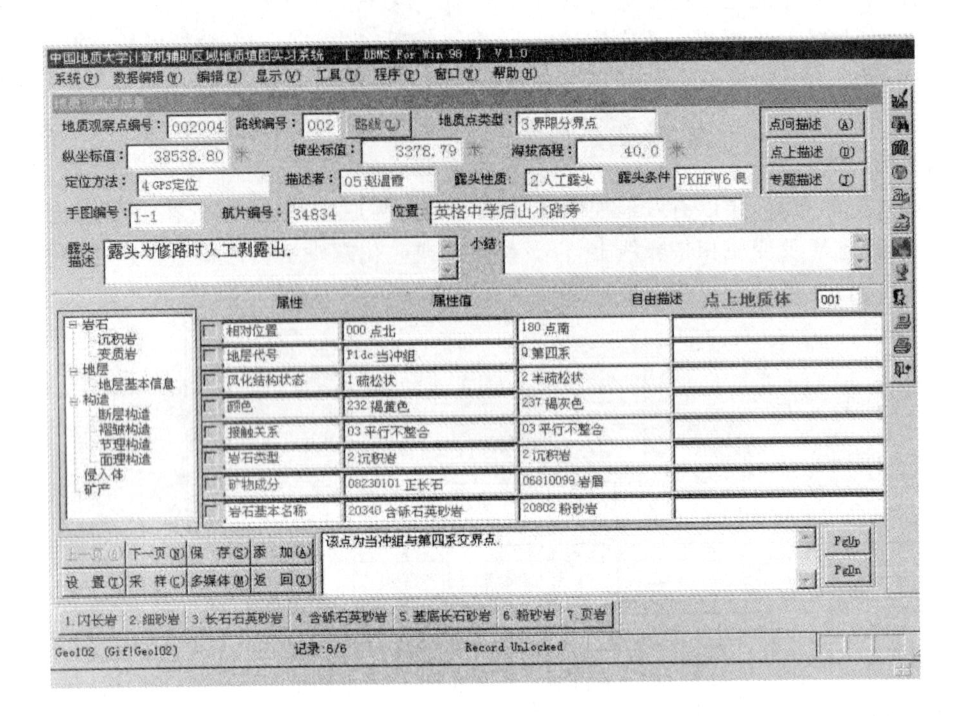

图 2-7　野外地质属性数据采集子系统的主界面

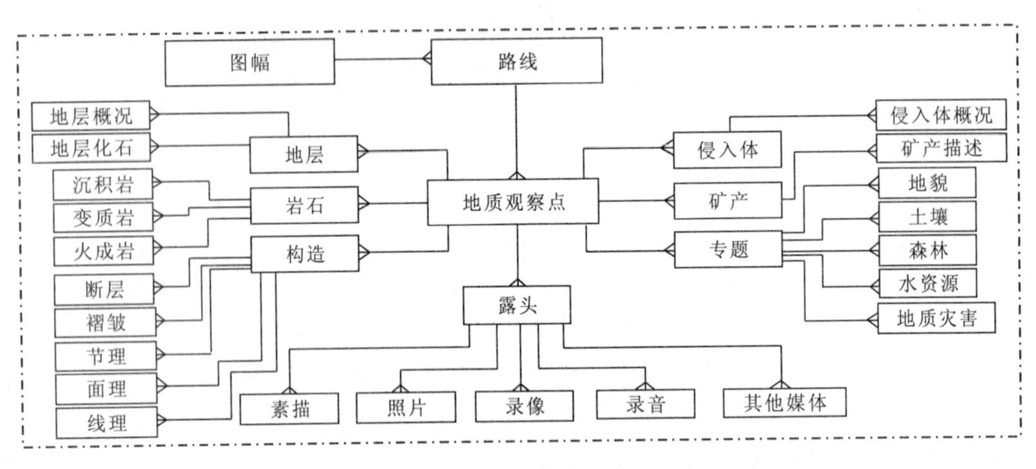

图 2-8　野外区域地质填图属性表及其关系图

自面状地质体。由于采样点、产状测量点等通常是在地层界线点上或是在地质观察点附近，因此有关数据可以在进行属性数据采集时加以记录，这里只需在地质草图上加以点号标注即可。

与上述空间特征对应的大量以文字和数字形式记录的属性数据，可以特定的编号进行关联。其他的辅助资料如地形图、地质草图等图形资料和遥感图像、航空摄影、数字照片、地质素描等图像资料，在空间数据采集系统中都是以图层的方式进行组织、管理和利用的。

2)空间数据采集系统的工作流程

空间数据采集子系统的工作也分为数据准备、数据采集、数据整理、图件输出 4 个过程(图

2－10)。在数据准备阶段,主要进行基础资料如地形图、航空照片、遥感图片的矢量化及扫描、坐标转换等处理工作。在野外数据实地数据采集阶段,首先确定地质观察点的点位,然后根据实地观察所见的情况勾绘地质界线的走势,再进行其他地质特征的空间数据和属性数据描述、记录。

3)空间数据采集系统的系统功能结构

根据野外空间数据采集的一般工作流程,考虑到便携机本身的性能,较为完善的机助野外空间数据采集系统的功能结构大致如图 2－11 所示。

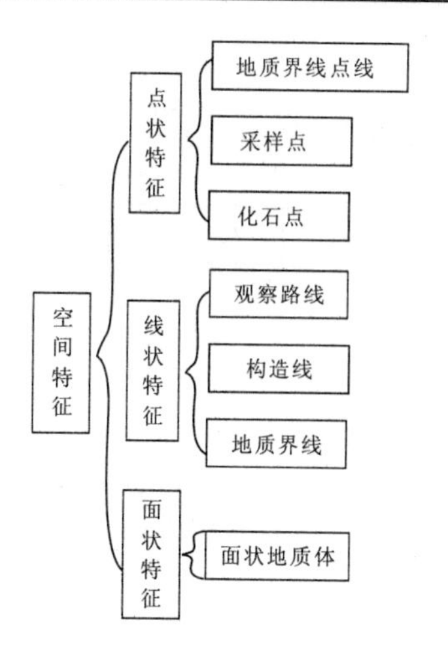

图 2－9　空间特征分类

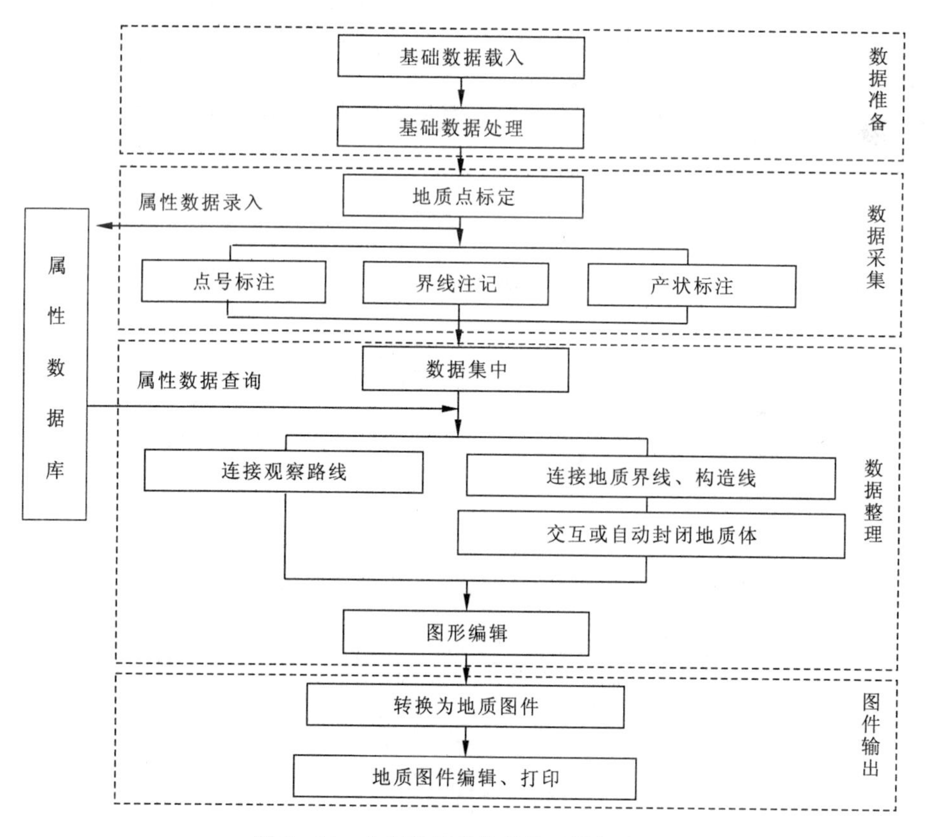

图 2－10　空间数据采集的整理操作流程

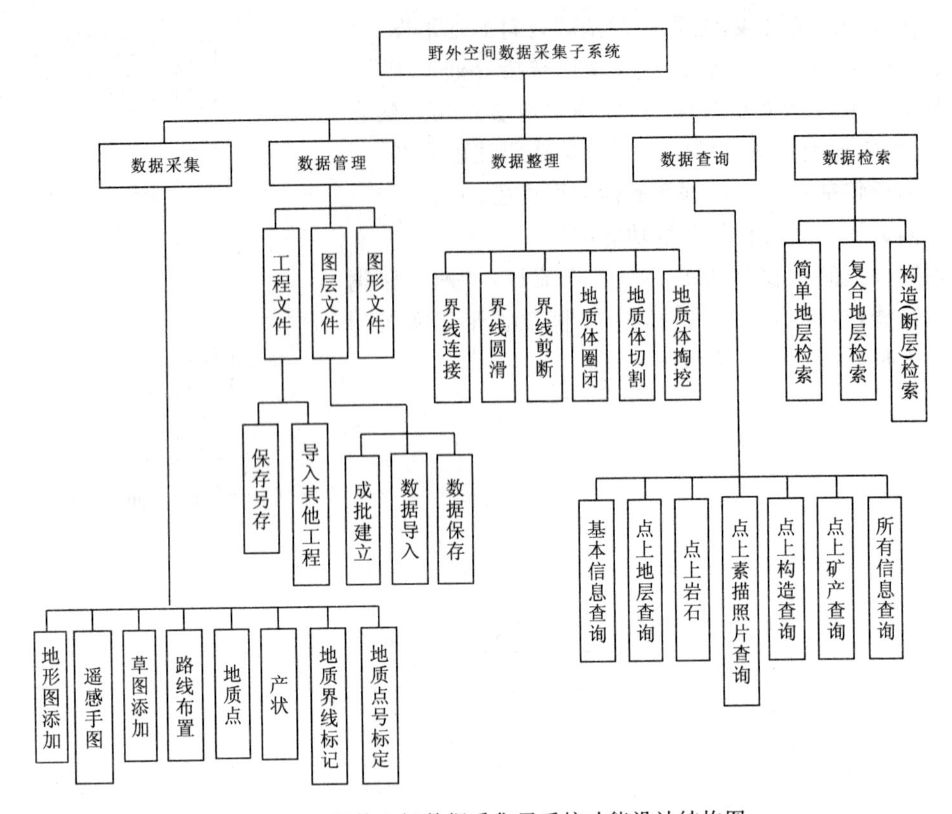

图 2-11　野外空间数据采集子系统功能设计结构图

实习三　平面地质图编绘功能开发

一、实习目的

本次实习是针对教材《地质信息系统原理与方法》第四章地质数据的计算机管理和第五章地质图件计算机编绘教学内容的上机训练。通过本次练习掌握地质数据的数据存储结构和基于数据的应用开发，即地质图件的编绘功能开发。学习二次开发的方法、过程。通过实习能在一个给定的开发环境中开发出一个可以用于解决实际问题的地质图件编绘系统，实现地质平面图的编绘功能。

二、实习内容

练习使用“地质信息系统”二次开发平台，在第一次实习采集的数据的基础上，结合实例数据库中其他数据，设计和开发地质平面图编绘功能。具体实习内容包括：

（1）工程的创建。

（2）图幅的创建。

（3）图层创建及基本图元对象（点、线、面）的绘制，体会图层的概念、用法及不同图层之间的叠放顺序。

（4）对地质数据库结构的了解，数据访问和信息提取。

（5）设计和开发平面地质图编绘功能，并以此为基础，完成其他图件的编绘功能开发。

三、实习要求

通过本次实习，初步掌握基于地质信息系统的二维地质图编绘的方法及技能，并学会钻孔投影到平面图的算法和相应功能模块的开发。尝试其他地质图件编绘功能的编写。

四、操作方法与步骤

（一）学习地质信息系统二维平台软件（QuantyView2D）的程序结构和二次开发相关知识

1. 二维地质信息系统平台软件类层次结构

地质信息系统二维平台软件（QuantyView2D）类层次结构图如图 3－1 所示。

2. 当前活动工程

当前活动工程是工程 1，如图 3－2 所示。

当前活动工程为工程 2。工程 1 与工程 2 在正中间部分分别以不同的颜色表示，在左边工程视图中可以看到工程 1 与工程 2 对应的工程名和图幅名以及图层名都不同，如图 3－3 所示。

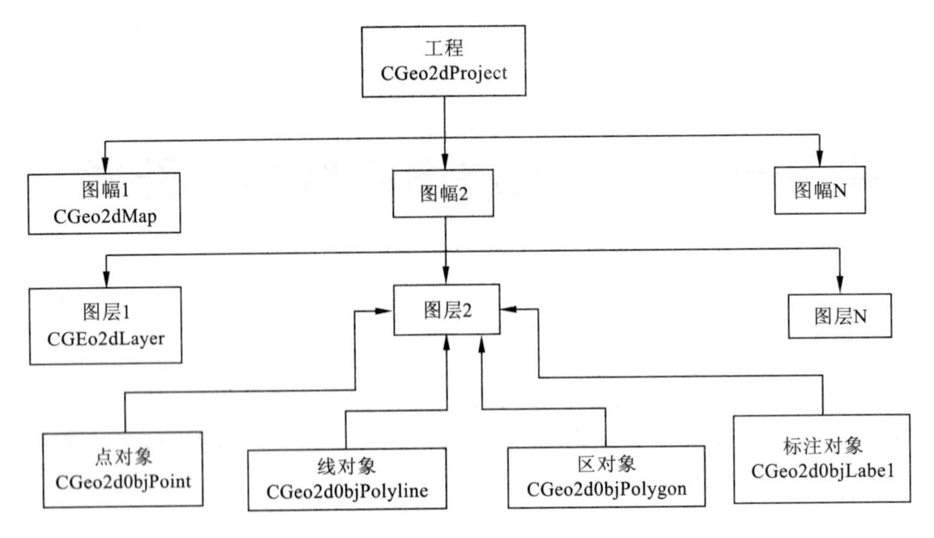

图 3－1　地质信息系统二维平台软件类层次结构图

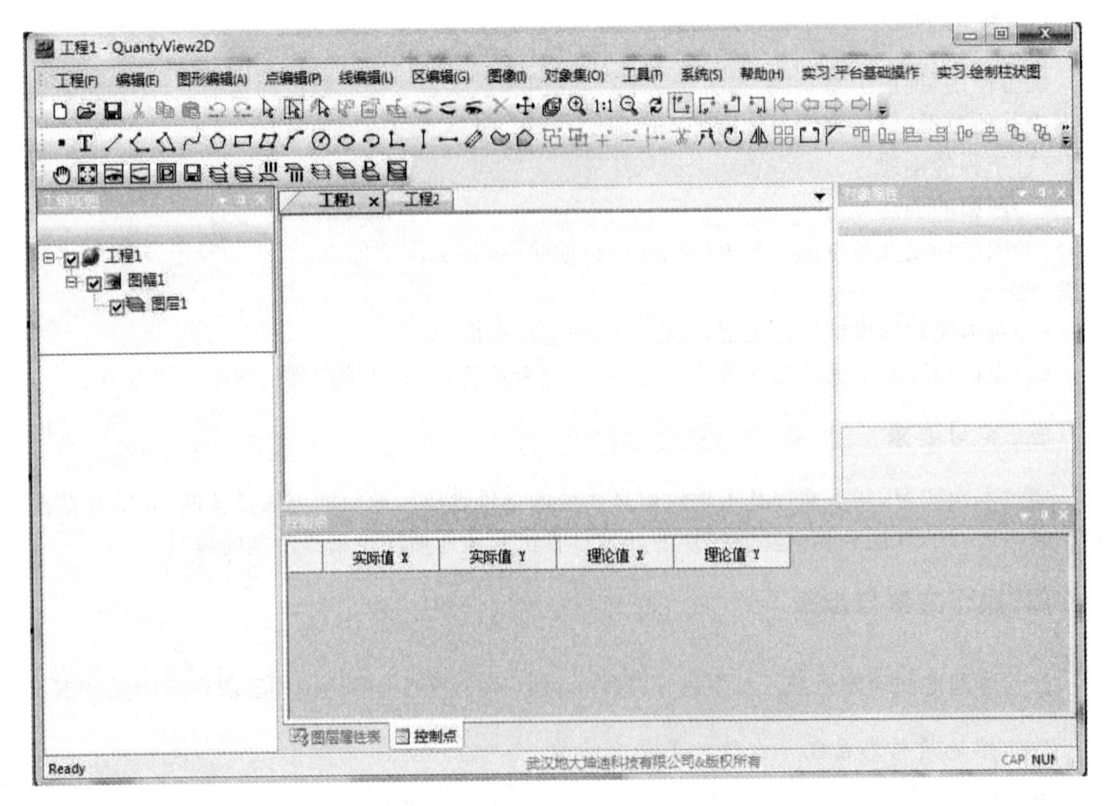

图 3－2　工程 1 为当前活动工程

3. 当前活动图幅

若图幅前有“√”即为当前活动图幅，从图 3－4 中可以清楚地看出当前活动图幅为图幅 Map_2。

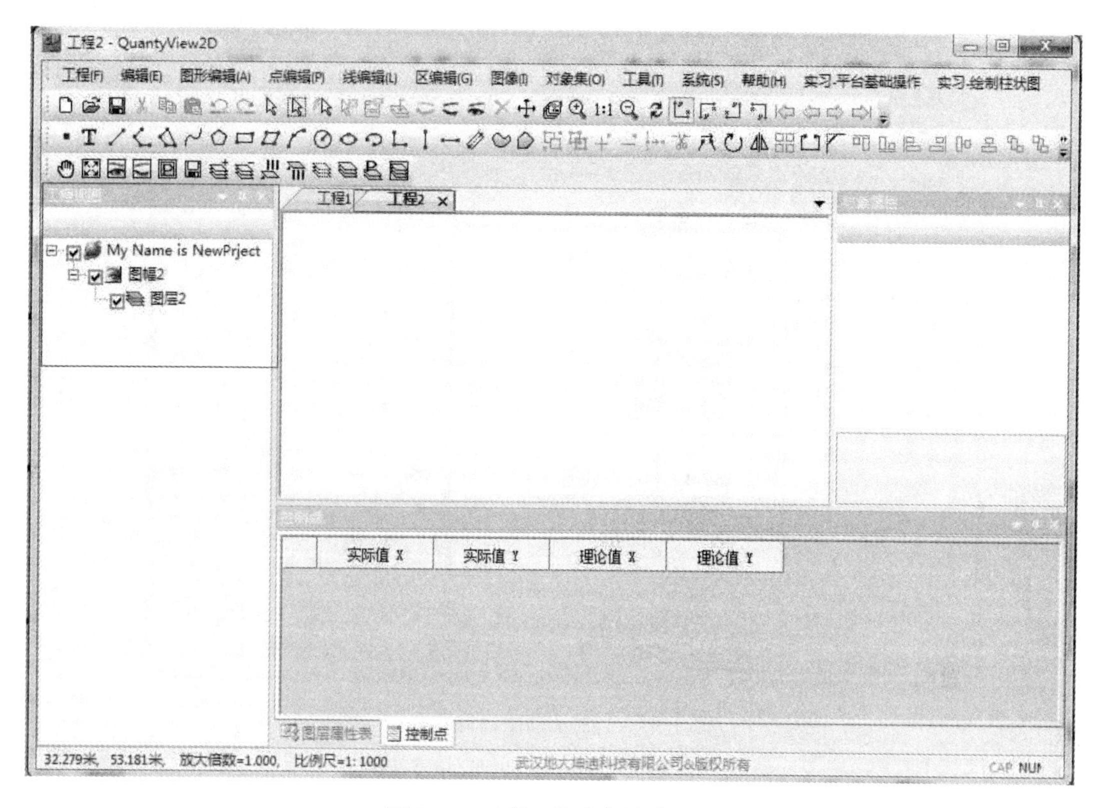

图 3-3　工程 2 为当前活动工程

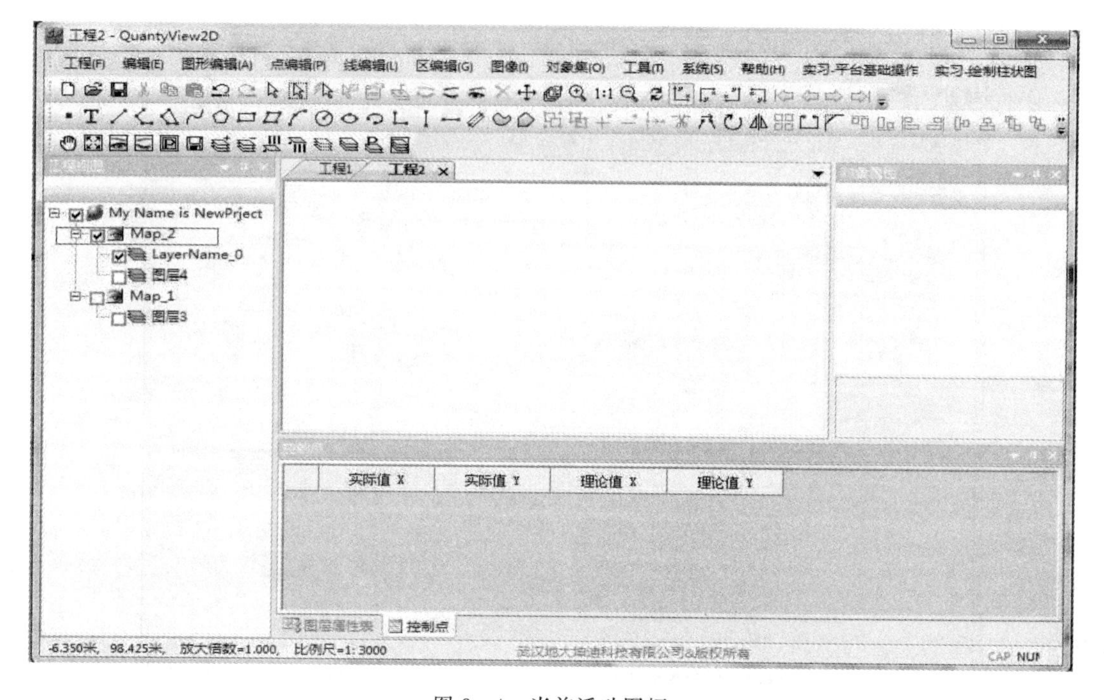

图 3-4　当前活动图幅

图 3－5 为当前活动图幅的属性。

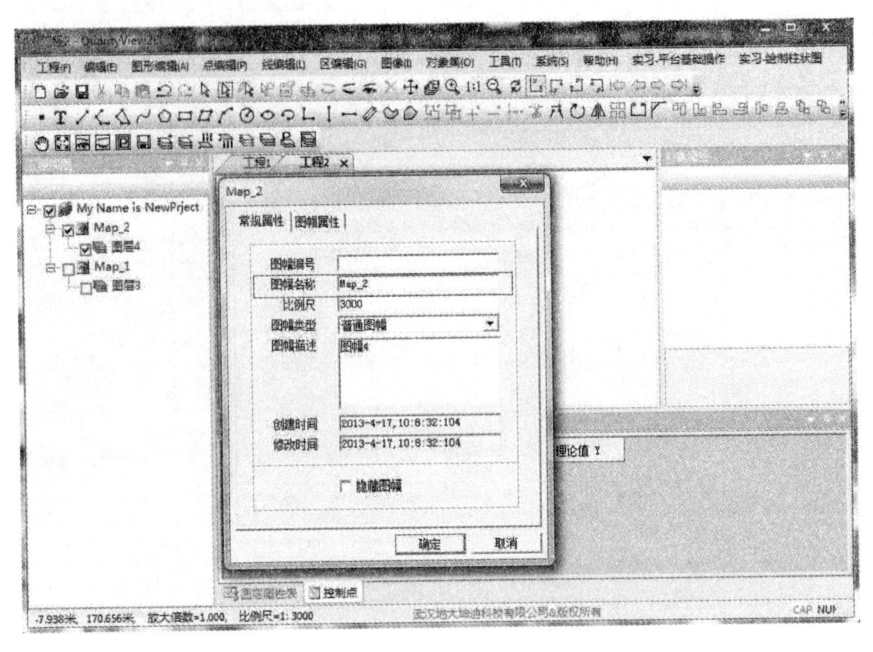

图 3－5　当前活动图幅的属性

4. 当前活动图层

若图层前有"√"即为当前活动图层，从图 3－6 中可以清楚看出当前活动图层为图层 LayerName_0。

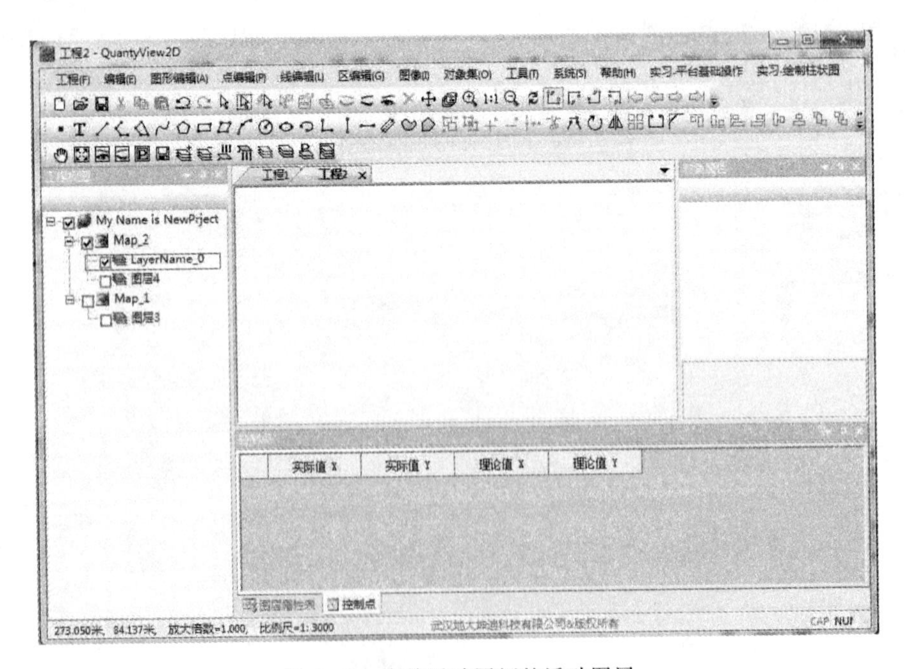

图 3－6　当前活动图幅的活动图层

图 3-7 所示为当前活动图层的属性，图 3-8 为对应图层的属性结构。

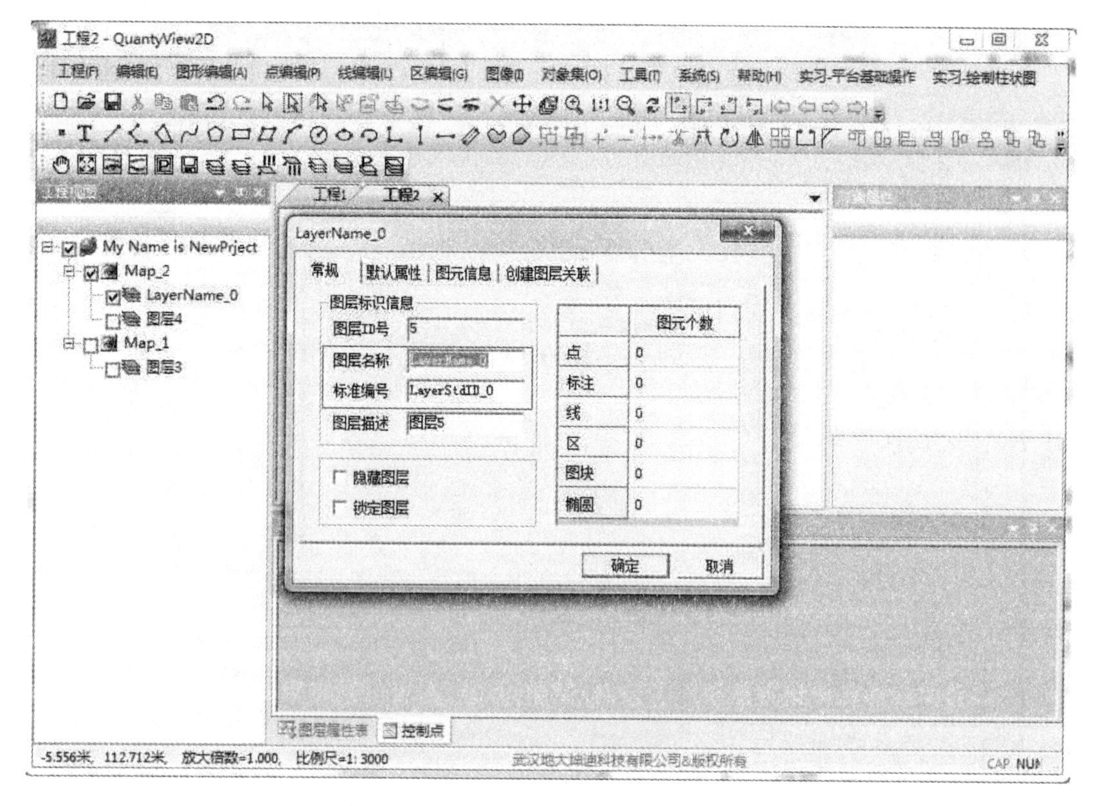

图 3-7　当前活动图幅的活动图层的属性

字段编辑器

	字段名称	字段类型	字段长度	小数位数	能否为空	字段描述
1	ID	STRING	30	0	☐	
2	FLD_NAME	STRING	10	0	☑	名称
3	FLD_MEMO	STRING	10	0	☑	备注

添加字段　删除字段　选择添加　确定　取消

图 3-8　图层上的属性字段

5. VC 下的二次开发一般步骤

(1)开发环境、工具：VS2010C++(必须安装 sp1 补丁)。

(2)利用 VS 打开示例程序的解决方案文件。该文件位于【二次开发包】文件夹内的【QuantyView2D】子文件夹中，名称为 QuantyView2D.sln，如图 3-9 所示。

(3)该项目的菜单 IDR_QuantyView2DTYPE 中，已经添加了本次实习使用的各项子菜单：【实习一平台基础操作】、【实习一绘制柱状图】。其他的各个菜单都是 QuantyView2D 平台框架程序提供的原始功能，如图 3-10 所示。

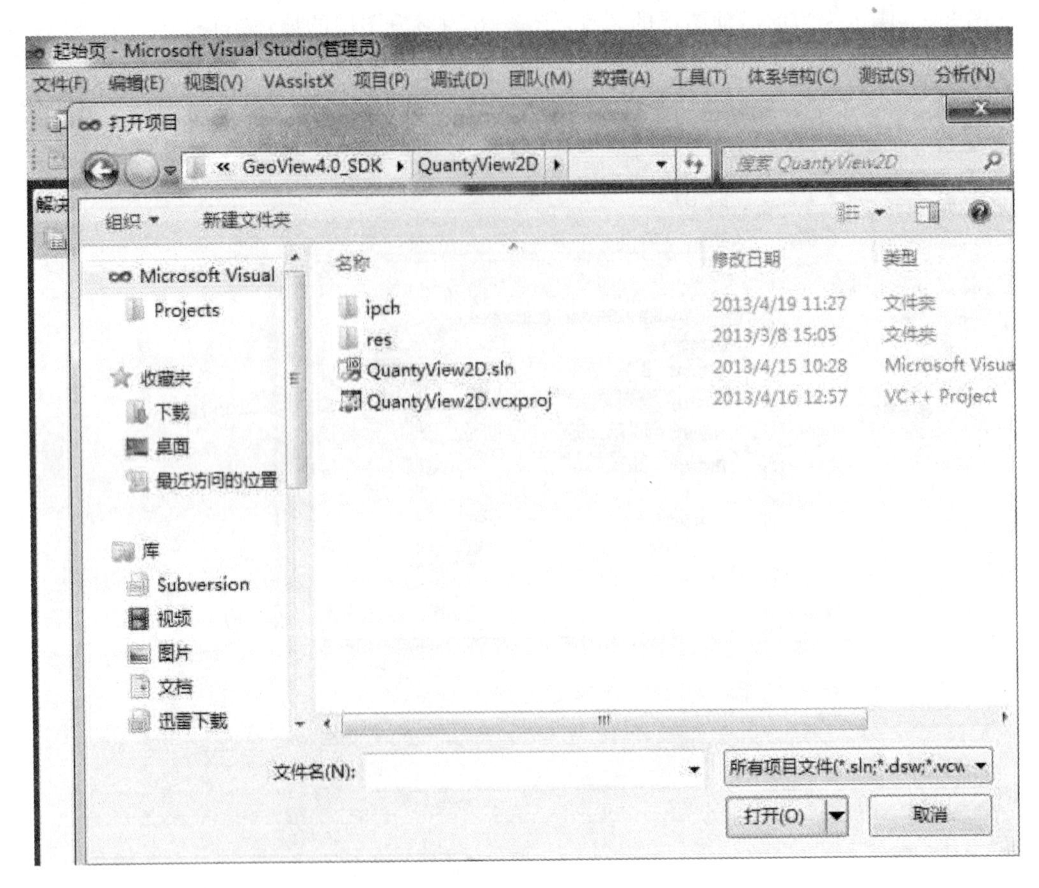

图 3-9 打开解决方案文件

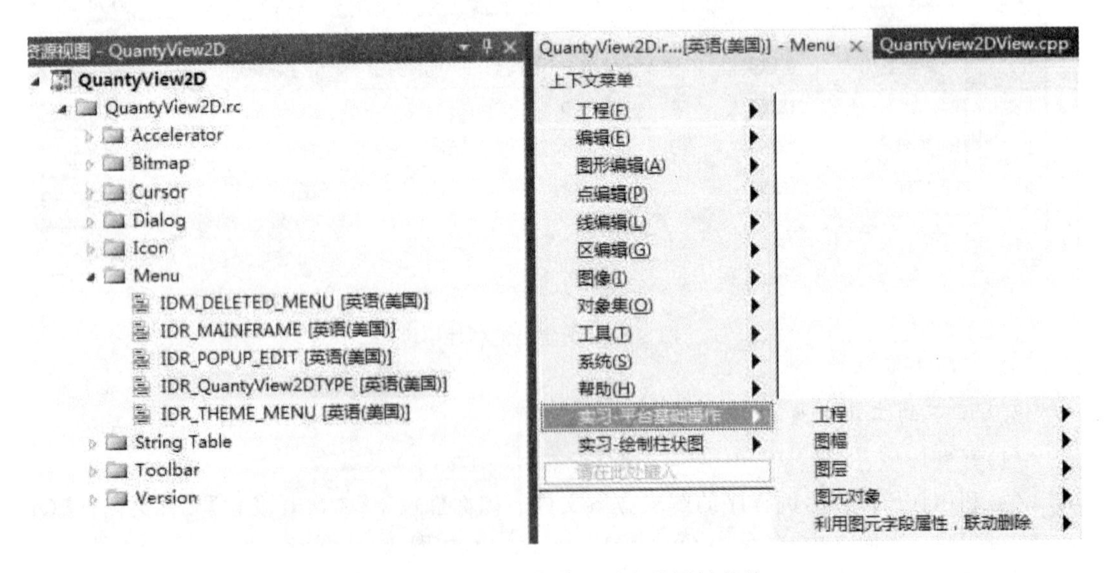

图 3-10 实习用菜单和平台的原始菜单

(4)实习用的菜单的响应函数，通常添加到 CQuantyView2DView 类中。以 VS 的【事件处理程序向导】为例，如图 3-11 所示。

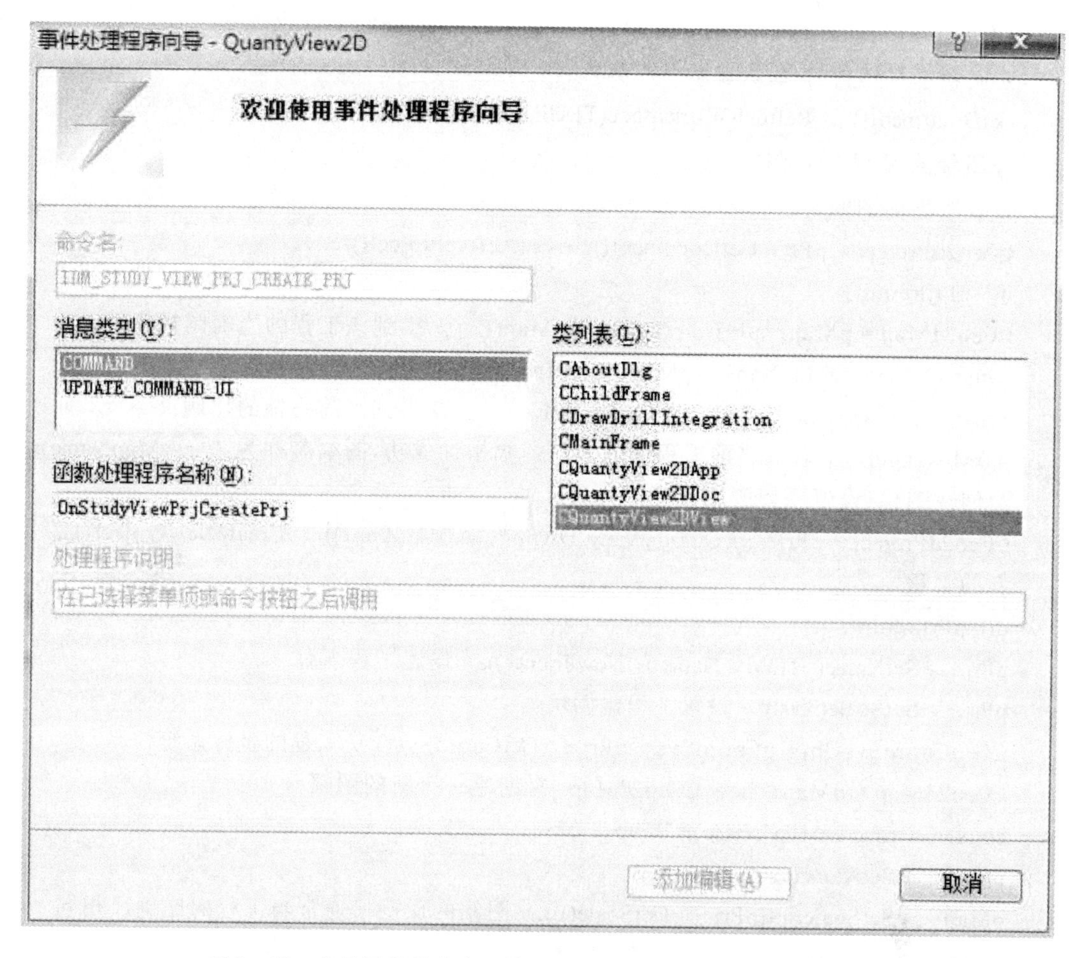

图 3-11　实习用菜单响应函数添加到 CQuantyView2DView 类中

6.工程类代码示例

1)获取当前工程指针

```
//获取当前 App 下的当前 Doc 下的当前工程
  CGeo2dProject * pPrj=GetDocument()->GetActiveProject();
  if(! pPrj)return;
  const CString szPrjName=pPrj->GetName();//工程名称
  const double dPrjScale=pPrj->GetScale();//工程比例尺
  AfxMessageBox("获取当前工程指针成功，工程名称为:"+szPrjName);
```

2)创建新的工程

```
CGeo2dProject * pPrj=((CQuantyView2DApp * )AfxGetApp())->CreateNewProject();//创建一个新的工程。
if(! pPrj)return;
```

```
//一个工程被创建时,默认存在一个图幅,该图幅下存在一个图层,图层上无任何图元。
pPrj->SetName(_T("My Name is NewPrject"));      //设置工程名称
pPrj->SetScale(1000);                           //设置工程比例尺
//刷新工程树控件(默认显示在左侧)
GetDocument()->RefreshWorkspace(TRUE,TRUE);
```

7.图幅类的代码示例

1)获取当前图幅

```
CGeo2dProject * pPrj=GetDocument()->GetActiveProject();
if(! pPrj)return;
CGeo2dMap * pMap=pPrj->GetCurrentMap();    //得到该工程的当前图幅指针
const CString szMapName=pMap->GetName();   //得到当前图幅名称
const int iMapScale=pMap->GetScale();      //得到当前图幅的比例尺
AfxMessageBox("获取当前工程下的当前图幅指针成功,图幅名称为:"+szMapName);
```

2)创建图幅、设置图幅的属性等

```
CGeo2dProject * pPrj=((CQuantyView2DApp* )AfxGetApp())->CreateNewProject();//创建一个新的工程
if(! pPrj)return;
pPrj->SetName(_T("My Name is NewPrject"));//设置工程名称
pPrj->SetScale(3000);//设置工程比例尺
CGeoCoordSysObj * pCoordSys=pPrj->GetCoordSys();//工程的坐标系统
CGeo2dMap * pMap=new CGeo2dMap ;//创建一个新的图幅
const CString szMap1Name="Map_1";
pMap->SetName(szMap1Name);
pMap->SetScale(int(pPrj->GetScale()));//图幅的比例尺通常与工程的比例尺相同
pMap->SetMapType(GEO_MAP_PLAN);//设置图幅的类型:中段图。
pMap->SetDiscription("设置描述信息");
//设置图幅的属性字段,通常记录绘制该图的某些参数,便于后期对该图二次编辑时使用。
pMap->m_oMapTable.AddField("FieldName_0",GEO_STRING,10,0,"Fld0_Value");
pMap->m_oMapTable.AddField("工作区编号",GEO_STRING,10,0,"1234567890");
pMap->m_oMapTable.AddField("GEO_MAP_TYPE",GEO_STRING,10,0,"矿体水平投影图");
//一个工程被创建时,默认存在一个图幅,该图幅下存在一个图层,图层上无任何图元。
//先删除新创建工程的所有对象,然后添加上述新创建的图幅到工程中。
pPrj->DeleteAll();
pPrj->AddMap(pMap);
pPrj->SetCurrentMap(pMap);
//设置上述图幅为当前工程的当前活动图幅
if(pPrj->FindMapByName(szMap1Name))
```

pPrj ->SetCurrentMap(pPrj ->FindMapByName(szMap1Name));

GetDocument()->RefreshAllWnds();//刷新所有控件：如工程树、图元属性控件、图层下拉控件等。

8. 图层类的代码示例

1)获取当前图层

CGeo2dProject * pPrj=GetDocument()->GetActiveProject();

CGeo2dMap * pMap=pPrj ->GetCurrentMap();//得到该工程的当前图幅指针

CGeo2dLayer * pLayer=pMap ->GetCurLayer();//得到当前图幅下的当前图层

const CString szLyrName=pLayer ->GetName();//得到图层的名称

const CString szLyrStdID=pLayer ->GetStdID();//得到图层的标准编号

AfxMessageBox("获取当前图层指针成功，名称为："+szLyrName+", 标准编号为："+sz-LyrStdID);

2)创建图层

CGeo2dProject * pPrj =GetDocument()->GetActiveProject();

CGeo2dMap * pMap =pPrj ->GetCurrentMap();//得到该工程的当前图幅指针

//创建新的图层，并添加到图幅中

CGeo2dLayer * pLyr=new CGeo2dLayer;

pLyr ->SetName("LayerName_0");

pLyr ->SetStdID("LayerStdID_0");

pMap ->AddLayer(pLyr);

//该图层，添加图元属性字段(非必须)

pLyr ->AddField("FieldName_0",GEO_STRING,10,0,TRUE,TRUE);

pLyr ->GetField("FieldName_0")->m_pInfo ->SetDescription("字段 1 的描述信息");

pLyr ->AddField("FieldName_1",GEO_STRING,10,0,TRUE,TRUE);

pLyr ->GetField("FieldName_1")->m_pInfo ->SetDescription("字段 2 的描述信息");

//刷新工程树控件(默认显示在左侧)

GetDocument()->RefreshWorkspace(TRUE,TRUE);

9. 图元类的代码示例

1)绘制点

//创建一个新的点图元

CGeo2dObjPoint * pObjPoint=new CGeo2dObjPoint;

pObjPoint ->SetPointPos(50,50);//点对象的位置(中心点坐标)

pObjPoint ->SetName("point0");

pObjPoint ->SetSubObjName("八级以上地震点");//设置点图元显示的子图符号

pObjPoint ->SetScale(2.0);//点对象符号的显示大小，1.0 表示按照符号库中该符号的原始大小显示；2.0 表示放大一倍显示。

pObjPoint ->CalculateBoundary(pCoordSys);//图元添加到图层前，计算图元的边界矩形。对于点对象，该行代码，不是必须的，可以不写。

pLyr ->AddObject(pObjPoint);//添加点对象，到图层上

2)绘制标注

```
//在(100,100)坐标处,绘制标注文字
CGeo2dObjLabel * pLabel=new CGeo2dObjLabel;
pLabel->SetName("XXXXXXX");
pLabel->SetText("在(100,100)处,绘制的 Label");//文本标注左下角点坐标
pLabel->SetHeight(3.0);//设置文本的字高,单位毫米(mm)
pLabel->SetWidth(3.0);//通常情况下,字高和字宽是相同的
//如果该文本标注有多行,添加行
pLabel->AddText("行 1");
pLabel->AddText("行 2");
pLabel->SetPenColor(RGB(255,0,255));
pLyr->AddObject(pLabel);
```

3)绘制线

```
//在(10,10)、(30,30)坐标处,绘制一个直线段
CGeo2dObjPolyline * pLine=new CGeo2dObjPolyline;
pLine->SetName("我是 2 点直线段");
pLine->GetPointList()->AddPoint(10,10);//添加起点坐标
pLine->GetPointList()->AddPoint(30,30);//添加终点坐标
pLine->CalculateBoundary(pCoordSys);//图元添加到图层前,计算图元的边界矩形。线对象,必须计算,该行不能省略,否则可能导致选择线对象功能异常。
pLyr->AddObject(pLine);
```

4)绘制区

```
//绘制一个矩形区
CGeo2dObjPolygon * pGon=new CGeo2dObjPolygon;
pGon->SetName("区名称");
pGon->GetPointList()->AddPoint(0,0);
pGon->GetPointList()->AddPoint(0,10);
pGon->GetPointList()->AddPoint(10,10);
pGon->GetPointList()->AddPoint(10,0);
pGon->CalculateBoundary(pCoordSys);//区对象,必须添加该代码,计算区的边界矩形
pLyr->AddObject(pGon);
pGon->SetFilledColor(TRUE);//填充颜色
pGon->SetBrushColor(RGB(255,0,255));
pGon->SetFilledSymbol(TRUE);//填充花纹
pGon->SetFilledPatternName("片理化");//子图花纹名称
pGon->SetSymScale(0.3);//子图花纹,填充比例
```

10.数据库操作对象介绍

通过使用一个 GeoAdo 库对数据库进行操作,该库包含 CADODatabase 和 CADORecordset 两个常用对象。

使用方法如下。

1)access 数据库连接(access2000－2003 版本)

```
CString szConnection="Provider=Microsoft.Jet.OLEDB.4.0; Data Source="+szDBPath+"; User ID=Admin";//szDBPath 为数据库的路径
//如果 access 数据库有密码,还需要使用如下语句
    //szConnection +="; Jet OLEDB:Database Password="+"数据库的密码";
    //access 2007 及以后版本的数据库,扩展名变为* .accdb,连接字符串变为:
    //"Provider=Microsoft.ACE.OLEDB.12.0;Data Source=XXX.accdb;"
CADODatabase * pDatabase=new CADODatabase;
pDatabase->Open(szConnection);
```

2)连接数据库中的表

```
    CString strSQL;
    //SQL 语句
    strSQL.Format("select * from DMZK0401 where MDBTAD=\'%s\' and GCJCBN=\'%s\'", szKTQID, szZKID);
    //定义一个数据集指针,用于连接数据库中的表
    CADORecordset * pSubset =new CADORecordset(pDatabase);
    if(! pSubset->Open(strSQL,CADORecordset::openUnknown))
        return;
```

3)获取字段的值(某一条记录的某个字段的值)

```
double dValue=0;
pSubset->GetFieldValue("GGHHAB", dValue);//钻孔孔深
```

11. 二次开发的常用函数

1)工程常用函数

(1)DeleteAll　删除工程下所有的对象,包括图幅、图层、对象。

(2)AddMap、RemoveMap　添加、移除图幅。

(3)GetCurrentMap　获取当前图幅指针。

(4)SetCurrentMap　设置当前图幅。

(5)SetScale、GetScale　工程比例。

(6)GetName、SetName　工程名称。

2)图幅常用函数

(1)AddLayer、DeleteLayer　添加、删除图层。

(2)RemoveLayer　从图幅中移出图层对象,图层指针并没有删除。

(3)FindLayer、FindLayerByStdID　查找图层。

(4)SetName、GetName　图层名称。

(5)SetStdID、GetStdID　图层的标准编号。

(6)CGeoMapAttTable m_oMapTable;图幅属性表。

3)图层常用函数

(1)SetName、SetStdID　图层名称、标准编号。

(2)AddField　添加字段到图层中,图层的属性表。

(3)AddObj　添加图元对象到图层。

4)点对象常用函数

(1)GetPointPos、SetPointPos　对象坐标函数。

(2)GetSubObjName、GetSubObjName　子图符号函数。

(3)SetScale、GetScale　显示比例函数。

(4)CalculateBoundary　获取对象的边界矩形函数。

(5)pLayer ->AddObject(pPointObj);　添加点对象到图层。

5)线对象常用函数

(1)GetPointList　线的点列表(点阵)数据函数。

(2)GetPointList()->AddPoint　添加一个点。

(3)GetPointList()->GetPoint　获取一个点。

(4)SetLineWidth GetLineWidth　线宽函数。

(5)CalculateBoundary　获取对象的边界矩形函数。

(6)pLayer ->AddObject(pLineObj);添加线对象到图层。

6)区对象常用函数

(1)GetPointList　区的点列表(点阵)数据函数。

(2)GetPointList()->AddPoint　添加一个点。

(3)GetPointList()->GetPoint　获取一个点。

(4)SetPenColor　区的边界线条颜色。

(5)SetFilledColor　是否颜色填充区。

(6)SetBrushColor　区填充的颜色。

(7)SetFilledSymbol　设置区是否填充花纹。

(8)SetFilledPatternName　设置区填充的花纹名称。

(9)CalculateBoundary　获取对象的边界矩形函数。

(10)pLayer ->AddObject(pGonObj);　添加区对象到图层。

7)标注对象常用函数

(1)GetPos、SetPos　文本的位置(标签的左下角位置)。

(2)SetText、GetText、AddText(多行文本)　文本的内容。

(3)GetSubscript、GetSuperscript　上下标。

(4)SetHeight、SetWidth　字体大小。

(5)pLayer ->AddObject(pLabelObj);　添加标注对象到图层。

12. 图元对象的字段属性信息

图元对象的字段属性,是由定义在图层中的字段记录的

(二)练习

练习 1　参照示例程序,编写图形绘制功能。

图形绘制代码实现:

(1)创建工程。

(2)创建幅图。

(3)创建点图层,在对应图层上绘制点对象。

(4)创建线图层,在对应线图层上绘制线对象。

(5)创建区图层,在对应区图层上绘制区对象。

练习 2　编写代码绘制一个完整的钻孔分布平面图。

从实习用数据库中读取钻孔信息,以点对象绘制钻孔,并且绘制钻孔标注,如钻孔深度以及钻孔编号;绘制坐标网格。

最终效果参考图 3-12。

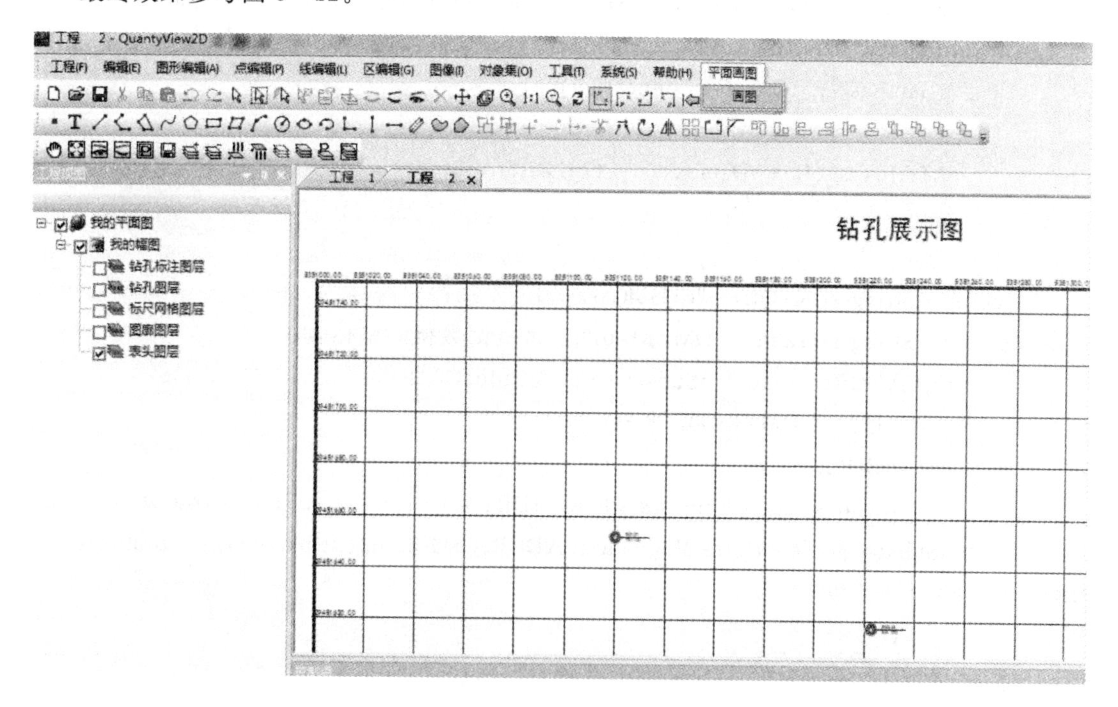

图 3-12　绘图效果参考

提示代码:

```
//钻孔信息结构体
struct struct_ZK_Info
{
    CString m_strZkbh;//钻孔编号
    CString m_strKkrq;//开孔日期
    CString m_strZkrq;//终孔日期
    CString m_strZkks;//钻孔孔深
    CString m_strZbx;//孔口坐标 X
    CString m_strZby;//孔口坐标 Y
};
std::vector<struct_ZK_Info>m_vecZK_Info;            //全部钻孔信息
```

```
//连接数据库
    const CString strDBPath="../../build/2d/实习用数据库.mdb";//数据库地址
//去掉数据库文件只读
    DWORD dwWord=GetFileAttributes(strDBPath);
    dwWord=dwWord & (~ FILE_ATTRIBUTE_READONLY);
    SetFileAttributes(strDBPath,dwWord);
//连接数据库
    CString strConnection="Provider=Microsoft.Jet.OLEDB.4.0;Data Source="+strDBPath;
    gvado::CADODatabase * pDatabase=new gvado::CADODatabase;
    if (! pDatabase ->Open(strConnection))
    {
        AfxMessageBox(pDatabase ->GetLastErrorString());
        return;
    }
    const CString strKTQID="654324000000001";//勘探区编号
    const CString strTable="DMZK0401";//被查询数据的钻孔表
    gvado::CADORecordset* pSubset=new gvado::CADORecordset(pDatabase);
    //查询特定表,表 DMZK0401 的 SQL
    CString strSQL;
    strSQL.Format("select * from %s where MDBTAD=\'%s\'",strTable,strKTQID);
    if(! pSubset ->Open(strSQL,gvado::CADORecordset::openUnknown) || pSubset ->
GetRecordCount() ==0)
    {
        AfxMessageBox("连接表 DMZK0401 失败,或没有指定的记录!");
        return;
    }
    while (! pSubset ->IsEOF())
    {
        struct_ZK_Info ZKInfo;
        m_pSubset ->GetFieldValue("GCJCBN",ZKInfo.m_strZkbh);      //钻孔编号
        m_pSubset ->GetFieldValue("TKALE", ZKInfo.m_strKkrq);      //开孔日期
        m_pSubset ->GetFieldValue("TKALF", ZKInfo.m_strZkrq);      //终孔日期
        m_pSubset ->GetFieldValue("GGHHAB", ZKInfo.m_strZkks);     //钻孔孔深
        m_pSubset ->GetFieldValue("TKCAF", ZKInfo.m_strZbx);       //孔口坐标 X
        m_pSubset ->GetFieldValue("TKCAG", ZKInfo.m_strZby);       //孔口坐标 Y
        m_vecZK_Info.push_back(ZKInfo);
        m_pSubset ->MoveNext();    //记录集移动到下一个
    }
    pSubset ->Close();//该表使用完毕,关闭表连接。
```

问题解决：以上代码是否存在内存泄露问题[创建(new)出来的对象使用完毕后要及时删除(delete)，否则会出现内存泄露，并且要把指针赋值为 NULL 避免野指针问题]，如果存在请自行更改。

钻孔的全部数据就取出来了，下面请同学自行创建工程、幅图、图层，并用取出的数据来绘制钻孔等。绘制钻孔时使用 CGeo2dObjPoint 图元对象，使用上述提示代码中取出的钻孔孔口坐标 X、孔口坐标 Y 数据绘制成对应平面图的 y、x(数据库中坐标与坐标系坐标是相反的)，例：

```
struct_ZK_Info st=m_vecZK_Info.at(0);                          //取出第 0 个钻孔信息
double dx=atof(st.m_strZby), dy=atof(st.m_strZbx);   //平面图 x、y 和数据库孔口坐标相反
CGeo2dObjPoint * pPointZK=new CGeo2dObjPoint;
pPointZK ->SetPointPos(dx , dy);
```

剩下的功能及代码请同学们自行编写完成。

【拓展练习 1】完成上述练习后，如果还有剩余时间的同学，可以尝试在上述功能基础上再添加上：通过鼠标点击，在相应的地方绘制钻孔的功能。

提示：在 QuantyViewStdMsg.cpp 的 OnLButtonDown(鼠标左键按下时响应函数)中实现。

代码提示：

```
CPoint point =dp;                           //当前鼠标点击时 x、y 坐标
m_pDC ->DPtoLP(&point);
CGeoPoint pt;
pCoordSys ->LPtoWP(point, &pt);      //当前点转换为世界坐标
```

然后像绘制普通钻孔一样，通过 pt 点变量来绘制点图元对象。

【拓展练习 2】完成上述练习后，请编写代码绘制规范的图名、比例尺、图例和责任表。

实习四　钻孔柱状图编图功能开发

一、实习目的

本次实习是针对教材《地质信息系统原理与方法》第四章地质数据的计算机管理和第五章地质图件计算机编绘教学内容的上机训练。通过本次练习掌握地质数据库中钻孔数据的存储结构，进一步巩固地质信息系统二次开发的方法、过程。通过实习在一个给定的开发环境中开发出一个可以用于解决实际问题的地质图件编绘系统，实现钻孔柱状图的编绘功能。

二、实习内容

练习使用二次开发平台，开发二维编图功能，最少要实现钻孔柱状图编绘模块。

练习使用“地质信息系统”二次开发平台，针对实习数据库中钻孔数据，设计和开发钻孔柱状图编绘功能。具体实习内容包括：

(1)工程的建立。

(2)图幅的建立。

(3)图层建立及基本图元对象(点、线、面)的绘制。

(4)掌握实习地质数据库中钻孔数据的存储结构，钻孔数据访问和绘图信息提取。

(5)开发典型地质图编绘功能，设计和开发钻孔柱状图的编绘功能，并以此为基础，完成同类图件的编绘功能开发。

三、实习要求

通过本次实习，掌握基于地质信息系统的二维地质图编绘的方法及技能，学会钻孔柱状图绘制模块的开发，体会数据驱动型图件编绘的方法。

四、操作方法与步骤

利用 QuantyView2D 绘制柱状图(简版)

1. 制图流程

(1)将以下功能全部做到一个类中，用面向对象的思想完成。

(2)选择钻孔编号，设置制图的参数，如比例尺、图名、制图人、时间等。

(3)利用钻孔编号，查询数据库，获取制图需要的各种数据，如钻孔的坐标、分层数据、样品数据、回次数据等，保存到数组变量中。

(4)创建柱状图的新工程、图幅、图层，并设置相关的参数。

(5)绘制柱状图的列头。

(6)根据数据库中查询得到的各种钻孔数据，依次绘制柱状图的各个列的图形数据。

(7)绘制柱状图底部的各种表格、责任表等。

(8)绘制柱状图顶部的图名、比例尺等。

(9)最终柱状图参考图 4－1。

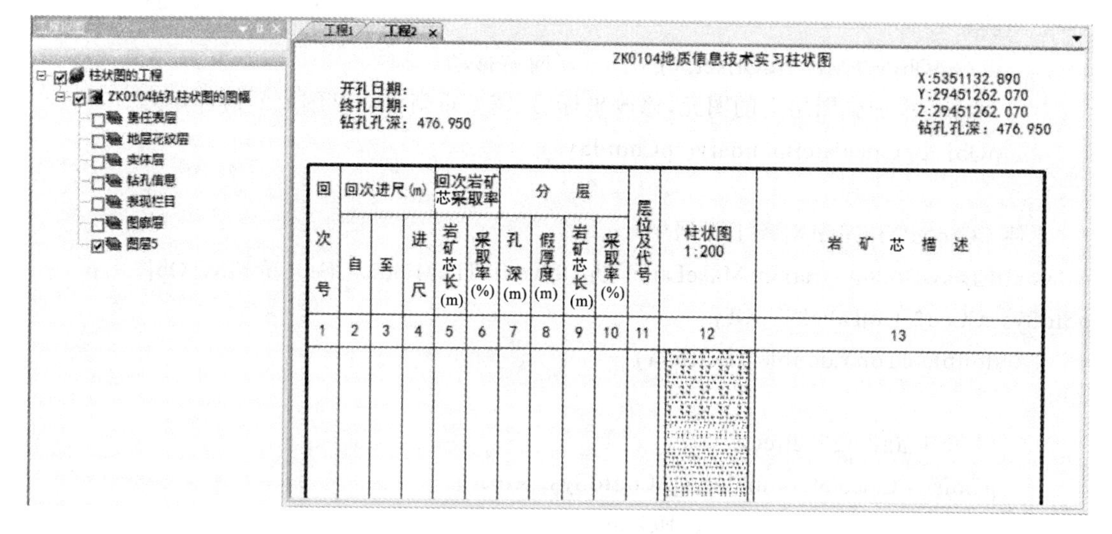

图 4－1　钻孔柱状图参考

2. 部分代码示例

1)勘探区编号以及钻孔编号

```
const CString szKTQID="654324000000001";          //勘探区编号
const CString szZKID="ZK0104";                    //被查询数据的钻孔编号
```

2)钻孔绘制的深度，转换为图形上的长度

```
double dMaxDepth=atof(m_TableHeadZkks);//钻孔深度，单位米(m)
dMaxDepth =dMaxDepth* 1/m_iScale * 1000;//转换为当前比例尺下，图纸上的长度，单位毫米(mm)
```

3)文本对象的左右居中函数、文本对象的上下居中函数

```
// CGeo2dObjLabel 对象左右居中
void CDrawDrillIntegration::MakeLabel_LeftRight_InTheMiddle(CGeoCoordSysObj* _pCoordSys, CGeo2dObjLabel* pObj,double dLeftX,double dRightX)
{
    CGeoBoundingRectrect;
    pObj->CalculateBoundary(_pCoordSys, &rect);

    double dLR_MidX=dLeftX+(dRightX - dLeftX)/2.0;
    double dRect_MidX=rect.m_fMinX+(rect.m_fMaxX - rect.m_fMinX)/2.0;
```

```
        double dOffset=fabs(dLR_MidX - dRect_MidX);      //移动量
        //水平移动图元
        if(dLR_MidX < dRect_MidX)
            pObj->Move(- dOffset, 0);        //向左移动
        else
            pObj->Move(dOffset, 0);          //向右移动
        //已经添加到图层上的图元,修改坐标后,需要重新计算该图元的边界矩形。
        pObj->CalculateBoundary(_pCoordSys);
    }
    //使 CGeo2dObjLabel 对象上下居中
    void CDrawDrillIntegration::MakeLabel_UpDown_InTheMiddle(CGeoCoordSysObj*  _p
CoordSys, CGeo2dObjLabel*  pObj,
        double dTopY,double dBottonY)
    {
        CGeoBoundingRectrect;
        pObj->CalculateBoundary(_pCoordSys, &rect);
        //double dRectHeight=rect.Height();
        //double dOldX,dOldY;
        //pObj->GetPos(dOldX,dOldY);
        //double dNewY=dBottonY+((dTopY - dBottonY)- dRectHeight)/2.0;
        //((CGeo2dObjLabel*  )pObj)->SetPos(dOldX,dNewY);  //更改坐标 Y

        double dTB_MidY=dBottonY+(dTopY - dBottonY)/2.0;
        double dRect_MidY=rect.m_fMinY+(rect.m_fMaxY - rect.m_fMinY)/2.0;
        double dOffset=fabs(dTB_MidY - dRect_MidY);        //移动量

        //垂直移动图元
        if(dTB_MidY < dRect_MidY)
            pObj->Move(0, - dOffset);                      //向下移动
        else
            pObj->Move(0, dOffset);                        //向上移动

        //已经添加到图层上的图元,修改坐标后,需要重新计算该图元的边界矩形。
        pObj->CalculateBoundary(_pCoordSys);
    }
```

4)柱状图列头格式的定义

```
struct struct_ZZT_Item_Define
    {
```

```
        CString szItemText;              //栏目名称
        CString szDisplayItemText;       //栏目名称的缩写
        double dItemHeight;              //栏目高度,单位毫米(mm)
        double dItemWidth;               //栏目宽度,单位毫米(mm)
        double dTextSize;                //该栏目的字体大小,单位毫米(mm)
        BOOLbHaveChildItem;              //该栏目是否有子栏目
        CString szParentItemText;        //该项目的父类栏目名称
    };
```

5)钻孔概况表获取到的数据的格式定义

```
struct struct_ZZT_ZK_BASE_INFO
{
    CString m_szKkrq;                    //开孔日期
    CString m_szZkrq;                    //终孔日期
    CString m_szZkks;                    //钻孔孔深
    CString m_szZbx;                     //孔口坐标 X
    CString m_szZby;                     //孔口坐标 Y
};
```

6)绘制全部的列头

//绘制全部的列头。绘制完成后,获取列头所在图层的图廓层、表现栏目 2 个图层的边界矩形,得到其最小 Y 坐标

//如果该 Y 坐标不等于 0,那么,移动该 2 个图层,使之=0。

```
void CDrawDrillIntegration::DrawAllColHead()
{
    double dX0=0;                                    //记录下列起始横坐标
    double dY0=0;
    int iSize=(int)m_vct_All_ColumnInfo.size();
    for(int i=0; i<iSize; i++)
    {
        struct_ZZT_Item_Define vt=m_vct_All_ColumnInfo.at(i);

        if (vt.szItemText==ZZT_Item_hch)             //需要绘制回次号
        {
            DrawColHead(this,dX0,dY0,vt);            //绘制该列的列头
            //当前列绘制完成以后,下一个列绘制的横坐标
            dX0=dX0+m_pCoordSys->MMtoWL(vt.dItemWidth);
            continue;
        }
```

```
if(vt.szItemText==ZZT_Item_hcjc)              //绘制回次进尺
{
    DrawColHead(this,dX0,dY0,vt);             //绘制该列的列头
    continue;
}
if(vt.szItemText==ZZT_Item_hcjc_from)         //绘制回次进尺-自
{
    DrawColHead(this,dX0,dY0,vt);             //绘制该列的列头
    //当前列绘制完成以后,下一个列绘制的横坐标
    dX0=dX0+m_pCoordSys->MMtoWL(vt.dItemWidth);
    continue;
}
if(vt.szItemText==ZZT_Item_hcjc_to)           //绘制回次进尺-至
{
    DrawColHead(this,dX0,dY0,vt);             //绘制该列的列头
    //当前列绘制完成以后,下一个列绘制的横坐标
    dX0=dX0+m_pCoordSys->MMtoWL(vt.dItemWidth);
    continue;
}
if(vt.szItemText==ZZT_Item_hcjc_jc)           //绘制回次进尺-进尺
{
    DrawColHead(this,dX0,dY0,vt);             //绘制该列的列头
    //当前列绘制完成以后,下一个列绘制的横坐标
    dX0=dX0+m_pCoordSys->MMtoWL(vt.dItemWidth);
    continue;
}
if(vt.szItemText==ZZT_Item_hcykscql)          //绘制回次岩矿芯采取率
{
    DrawColHead(this,dX0,dY0,vt);             //绘制该列的列头
    continue;
}
if(vt.szItemText==ZZT_Item_hcykscql_ykxc)//绘制回次岩矿芯采取率-岩矿芯长
{
    DrawColHead(this,dX0,dY0,vt);             //绘制该列的列头
    //当前列绘制完成以后,下一个列绘制的横坐标
    dX0=dX0+m_pCoordSys->MMtoWL(vt.dItemWidth);
    continue;
}
if(vt.szItemText==ZZT_Item_hcykscql_cql) //绘制回次岩矿芯采取率-采取率
```

```
{
    DrawColHead(this,dX0,dY0,vt);              //绘制该列的列头
    //当前列绘制完成以后,下一个列绘制的横坐标
    dX0=dX0+m_pCoordSys->MMtoWL(vt.dItemWidth);
    continue;
}
if(vt.szItemText==ZZT_Item_fc)                 //绘制分层
{
    DrawColHead(this,dX0,dY0,vt);              //绘制该列的列头
    continue;
}
if(vt.szItemText==ZZT_Item_fc_ks)              //绘制分层-孔深
{
    DrawColHead(this,dX0,dY0,vt);              //绘制该列的列头
    //当前列绘制完成以后,下一个列绘制的横坐标
    dX0=dX0+m_pCoordSys->MMtoWL(vt.dItemWidth);
    continue;
}
if(vt.szItemText==ZZT_Item_fc_jhd)             //绘制分层-假厚度
{
    DrawColHead(this,dX0,dY0,vt);              //绘制该列的列头
    //当前列绘制完成以后,下一个列绘制的横坐标
    dX0=dX0+m_pCoordSys->MMtoWL(vt.dItemWidth);
    continue;
}
if(vt.szItemText==ZZT_Item_fc_ykxc)            //绘制分层-岩矿芯长
{
    DrawColHead(this,dX0,dY0,vt);              //绘制该列的列头
    //当前列绘制完成以后,下一个列绘制的横坐标
    dX0=dX0+m_pCoordSys->MMtoWL(vt.dItemWidth);
    continue;
}
if(vt.szItemText==ZZT_Item_fc_cql)             //绘制分层-采取率
{
    DrawColHead(this,dX0,dY0,vt);              //绘制该列的列头
    //当前列绘制完成以后,下一个列绘制的横坐标
    dX0=dX0+m_pCoordSys->MMtoWL(vt.dItemWidth);
    continue;
}
```

```
        if(vt.szItemText==ZZT_Item_cwjdh)          //绘制层位及代号
        {
            DrawColHead(this,dX0,dY0,vt);          //绘制该列的列头
            //当前列绘制完成以后,下一个列绘制的横坐标
            dX0=dX0+m_pCoordSys->MMtoWL(vt.dItemWidth);
            continue;
        }
        if(vt.szItemText==ZZT_Item_zzt)            //绘制柱状图
        {
            DrawColHead(this,dX0,dY0,vt);          //绘制该列的列头
            //当前列绘制完成以后,下一个列绘制的横坐标
            dX0=dX0+m_pCoordSys->MMtoWL(vt.dItemWidth);
            continue;
        }
        if(vt.szItemText==ZZT_Item_ykxms)          //绘制岩矿芯描述
        {
            DrawColHead(this,dX0,dY0,vt);//绘制该列的列头
            //当前列绘制完成以后,下一个列绘制的横坐标
            dX0=dX0+m_pCoordSys->MMtoWL(vt.dItemWidth);
            continue;
        }
    }
    CGeo2dLayer * pLyrLine =this->FindLayerByStdID("ZZT_01");//图廓层
    CGeo2dLayer * pLyrText =this->FindLayerByStdID("ZZT_10");//表现栏目图层
    if(pLyrLine==NULL || pLyrText==NULL)
        return;

    CGeoBoundingRect rect_Line,rect_Text,rect_Max;
    pLyrLine->CalculateBoundary(&rect_Line,TRUE);
    pLyrText->CalculateBoundary(&rect_Text,TRUE);
    rect_Line.UnionBoundary(&rect_Text);
    double dMinY=rect_Line.m_fMinY;//获取的线的最小Y坐标,不是边界矩形的最小
                                        Y坐标
    double dOffset=dMinY - 0;
    if(fabs(dOffset)>SMALL_NUMBER)
    {
        pLyrLine->Move(0,- dOffset);
        pLyrText->Move(0,- dOffset);
        pLyrLine->CalculateBoundary(NULL,TRUE);
```

```
            pLyrText ->CalculateBoundary(NULL,TRUE);
        }
    }
```

7)绘制柱状图每一列的图列边框线

//绘制标准格式的一个列的所有数据。(标准格式:利用Y坐标绘制横线,横线上方绘制标注。)

//如:回次号、回次进尺-自、回次进尺-至、回次进尺-进尺、回次岩矿芯采取率-岩矿芯长

//回次岩矿芯采取率-采取率 、分层-孔深、分层-假厚度、分层-岩矿芯长、分层-采取率、列的数据

//aryY:绘制横线时,需要的Y坐标的数组

//aryData:横坐标上需要显示的数据的数组

//dLeftTopX、dLeftTopY列的左上点的坐标.dColWidth 该列的宽度

//dTextSize -字体大小

//pLyr -绘制的对象,保存的图层

//pCoorSys -当前工程的坐标系统

```
void CDrawDrillIntegration::DrawColData(CStringArray &aryY,CStringArray &aryData,const
     double dLeftTopX,
     const double dLeftTopY,const double dColWidth,const double dTextSize,CGeo2dLayer
* pLyr,CGeoCoordSysObj * pCoorSys)
{
     double dLeftX=dLeftTopX;
     double dRightX=dLeftX+pCoorSys ->MMtoWL(dColWidth);//2根分割线的X坐标

     double dTextHeight=dTextSize;//单位毫米(mm)
     double dTextWidth=dTextHeight;
     double dLineWidth=0.0;//为了减少计算量,设置需要绘制的对象的线宽都为0。

     //得到钻孔深度对应的图上长度
     double dMaxDepth=atof(m_ZkBaseInfo.m_szZkks);   //钻孔深度,单位米(m)
     dMaxDepth=dMaxDepth * 1/this ->GetParentProject()->GetScale() * 1000;//转换为
当前比例尺下,图纸上的长度,单位毫米(mm)

//在该列的2侧,绘制2根垂直的竖线,其中深度=钻孔的最大深度。
CGeo2dObjPolyline * pLeftLine=new CGeo2dObjPolyline;
pLeftLine ->GetPointList()->AddPoint(dLeftX,dLeftTopY);
pLeftLine ->GetPointList()->AddPoint(pLeftLine ->GetPointList()->GetPoint(0)->x,
     dLeftTopY - m_pCoordSys ->MMtoWL(dMaxDepth));
pLeftLine ->CalculateBoundary(pCoorSys);
```

```
pLeftLine ->SetLineWidth(dLineWidth);
pLyr ->AddObject(pLeftLine);

CGeo2dObjPolyline * pRightLine =new CGeo2dObjPolyline;
pRightLine ->GetPointList()->AddPoint(dRightX,dLeftTopY);
pRightLine ->GetPointList()->AddPoint(pRightLine ->GetPointList()->GetPoint(0)->x,
    dLeftTopY - m_pCoordSys ->MMtoWL(dMaxDepth));
pRightLine ->CalculateBoundary(pCoorSys);
pRightLine ->SetLineWidth(dLineWidth);
pLyr ->AddObject(pRightLine);

CGeo2dObjPolyline * pLine_BottomHLine =new CGeo2dObjPolyline;//根据钻孔的孔深,绘
制最底部的横线
pLine_BottomHLine ->GetPointList()->AddPoint(dLeftX,dLeftTopY - m_pCoordSys ->
MMtoWL(dMaxDepth));
pLine_BottomHLine ->GetPointList()->AddPoint(dRightX,pLine_BottomHLine ->Get -
PointList()->GetPoint(0)->y);
pLine_BottomHLine ->CalculateBoundary(pCoorSys);
pLine_BottomHLine ->SetLineWidth(dLineWidth);
pLyr ->AddObject(pLine_BottomHLine);

i f(aryData.GetSize()! =aryY.GetSize())   //数组长度不一致,非法
    return;

//填充的文字大小固定不变。横线的 Y 坐标根据填充文字的 Y 坐标变化,可能就不是一
根直线了。
double dPrevLineY=dLeftTopY;   //上一根横线的 Y 坐标

for(int iLineCount=0 ;iLineCount<aryY.GetSize(); iLineCount ++)
{
    //要绘制横线的 Y 坐标,根据"回次进尺至"的数字的大小,确定该 Y 值。
    double dTo=atof(aryY.GetAt(iLineCount));   //绘制进尺的至,单位米(m)
    dTo=dTo* 1/this ->GetParentProject()->GetScale() * 1000;   //转换为当前比例尺
下,图纸上的长度,单位毫米(mm)
    double fCoory=dLeftTopY - m_pCoordSys ->MMtoWL(dTo);   //得到世界坐标

    if(fCoory > dPrevLineY)
        fCoory=dPrevLineY;
```

```
        CGeo2dObjPolyline * pLineCode=new CGeo2dObjPolyline;   //该深度对应的横线
        pLineCode ->GetPointList()->AddPoint(dLeftX , fCoory);
        pLineCode ->GetPointList()->AddPoint(dRightX ,fCoory);
        pLineCode ->SetLineWidth(dLineWidth);
        pLineCode ->CalculateBoundary(pCoorSys);
        pLyr ->AddObject(pLineCode);

    //如果2根横线的间距小于需要输入文字的高度,则需要把第2根横线向下移动,再填充
文字
    //否则直接填充文字
        double dLineJJ=fabs(fCoory - dPrevLineY );   //得到2根横线的间距,单位米(m)
        double dTextHeight_WL=pCoorSys ->MMtoWL(dTextHeight);   //当前坐标系统
下,文字高度占用的长度
        if(dLineJJ >=dTextHeight_WL)  //2根线之间的间距大于文字的高度,直接填充文
字,以第2根线的Y坐标为参照
        {
        }
        else//需要改变线的点 pLineCode
        {
            //文字标签需要移动的数量
            double dYDL=fabs(dLineJJ - dTextHeight_WL);

            //线也需要改变,在线上添加2个点,就改变了线的位置
            double dNewX1,dNewY1,dNewX2,dNewY2;
             dNewX1= dLeftX+ pCoorSys ->MMtoWL(1); dNewY1= pLineCode -> Get -
PointList()->GetPoint(0)->y;  //新插入的第一个点的Y坐标与线的起点Y坐标相同
            dNewX2=dNewX1+tan(PI/4.0)* dYDL;dNewY2=fCoory - dYDL;
            pLineCode ->GetPointList()->InsertAt(1,dNewX1,dNewY1);  //线的第2个点
            pLineCode ->GetPointList()->InsertAt(2,dNewX2,dNewY2);  //线的第3个点
            //原线的终点的Y值改变
            pLineCode ->GetPointList()->GetPoint(pLineCode ->GetPointList()->GetSize()-
1)->y=dNewY2;
            pLineCode ->CalculateBoundary(pCoorSys);
        }
        //最后一个点的Y坐标,作为绘制样品编号等CGeo2dObjLabel对象的Y坐标
        fCoory=pLineCode ->GetPointList()->GetPoint(pLineCode ->GetPointList()->Get -
Size()- 1)->y ;
        dPrevLineY=fCoory;//该Y坐标,是绘制下根横线时,上根横线的Y坐标
```

```
        //在线的上方,写上“回次号”的具体数值
        CGeo2dObjLabel * pLb=new CGeo2dObjLabel;
        pLb->SetPos(dLeftX, fCoory);
        pLb->SetText(aryData.GetAt(iLineCount));
        pLb->SetHeight(dTextHeight);
        pLb->SetWidth(dTextWidth);
        pLyr->AddObject(pLb);
        MakeLabel_LeftRight_InTheMiddle(pLb,dLeftX,dRightX);   //使文字居中
        }
}
```

同学请参照示例程序。

【拓展练习 1】封装独立类。

将整个功能分成若干个独立的函数,避免一个函数过长不易理解,例如将创建图层、设置幅图属性、从数据库中读取数据、绘制等功能分割开,然后通过主函数 DrawMap 依次调用他们进行全部的操作。

头文件中:

```
public:
    //画图主函数
    void DrawMap();
private:
    CGeo2dMap                                  * m_pMap;          //幅图指针
    CGeoCoordSysObj                            * m_pCoord;        //坐标指针
    gvado::CADODatabase                        * m_pDataBase;     //数据库指针
    gvado::CADORecordset                       * m_pSubset;       //数据库记录集指针
    std::vector<struct_ZZT_ZK_BASE_INFO>   m_vecZK_Info;      //全部钻孔信息
```

不希望被外界访问的变量和函数都尽量放在 private 中,例如将创建图层、设置幅图属性等功能的实现放在对应的.cpp 文件中。

完成上述功能的同学,再试试将上述类做成一个 dll 动态库的方式调用。提示:定义类 class 后加上导出 AFX_EXT_CLASS,然后在预定义处理器定义中添加_AFXEXT。

完成柱状图绘制的同学,试试再添加一个大十字光标的功能,一个跟着鼠标移动的大十字光标。效果如图 4-2 所示。

提示:

在 QuantyViewStdMsg.cpp 的 OnMouseMove 函数下绘制,鼠标移动的时候,擦除(设反色绘制一次)之前绘制的十字光标,然后在现在的鼠标点绘制光标。

```
GetOldPos();                        //获取旧的鼠标点
SetOldPos(point);                   //设置旧的鼠标点
m_pDC->SetROP2(R2_NOT);             //设置反色
m_pDC->MoveTo(GetOldPos());         //移动到旧的点
```

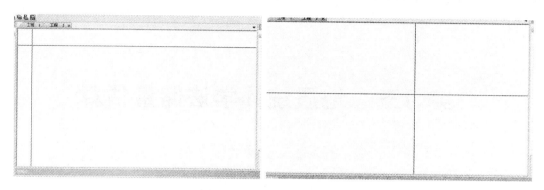

图 4-2　大十字光标

```
m_pDC->LineTo(point);              //从移动到的点绘制到新点
```

【拓展练习 2】实现柱状图表头列的可定制绘制，即用户可以选择哪些列绘制，哪些列不绘制，列的顺序可以调整。

实习五　地质统计学法储量估算

一、实习目的

本次实习是一次综合实习，练习三维矿体模型的建立及可视化，并在此基础上练习和掌握地质统计学法储量估算的方法和流程，深刻理解一个地质信息系统中资源储量估算模块的使用流程和方法。以此为参照，思考自己如何编写储量估算软件。

二、实习内容

基于剖面线框的控制线法矿体三维建模。练习使用实习系统中地质统计学法储量估算子系统，掌握一个地质系统中对矿体储量计算的基本功能和使用方法。具体包括：

(1)根据数据库中钻孔数据，在二维 GIS 系统中绘制剖面图，并圈定矿体边界，参考实习一。

(2)用圈定好的矿体边界，在三维地质信息系统中建立三维矿体模型，并根据地质准则外推矿体。

(3)提取钻孔数据，组合样品，创建样品模型。

(4)应用普通克里格方法估算矿体储量，报表输出估算结果。

三、实习要求

通过本次实习了解如何在实习系统中创建三维矿体模型，并进行储量估算。学会圈定矿体边界，用圈定好的矿体边界，在三维地质系统中用控制线法构建三维矿体模型，并根据地质准则外推矿体。提取钻孔数据，组合样品，创建样品模型，进行基本信息统计。应用普通克里格法估算矿体储量，报表输出结果。认识地质信息系统中储量估算软件实现的功能，以此为线索，思考自己如何设计和编写储量估算软件模块。

四、实习成果

下课提交自己建立的三维矿体模型、应用普通克里格方法估值的矿体块体模型及估值结果报告。

五、操作方法与步骤

本实习的数据基础是实习一中数据库的钻孔数据，在二维系统中绘制剖面图，并圈定矿体边界；前面已经实习过，可以直接使用前面的实习成果。然后用圈定好的矿体边界，在三维地质信息系统用控制线法构建三维矿体模型，然后应用克里格方法估值。

(一)导入二维地质剖面到三维系统中

(二)生成矿体模型

1.建立矿体

在矿体边界线条比较规则的情况下，要保证边界线条的方向一致，可以选择【三维建模 | 矿体建模 | 自动建模】(图 5-1、图 5-2)。

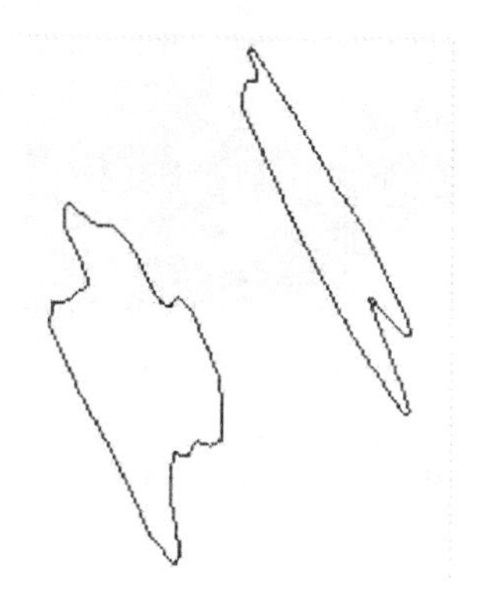

图 5-1　两剖面间矿体边界

图 5-2　比较规则的矿体边界线自动建立的矿体模型

2.控制线建立矿体

如果线条比较复杂，自动建立的模型可能有交叉或者扭曲的情况(图 5-3)，这时就要选择控制线建立矿体，根据经验或者实际情况判断，在适当的位置添加控制线(用连点成线方式，如图 5-4 所示)，绘制好控制线，直接选择矿体边界，配合 Tab 键进行控制线选择，选择菜单【三维建模 | 矿体建模 | 控制线建模】，即可实现控制线矿体建立(图 5-5)。

说明：矿体建模时只能进行两两剖面之间的建立(即：每次只能选择两条矿体边界线条进行建模操作)，最后进行整体合并。

图 5-3　不规则矿体边界线条生成的扭曲的矿体

3.矿体边界外推

若边界线圈无其他相邻矿体边界，则需要对其进行外推。选中一个矿体边界线圈，单击【三维建模 | 矿体建模 | 边界外推】，弹出边界外推对话框(图 5-6)。外推方式共有 2 种，分别为相似外推、尖灭到点。

选择相似外推模式，设置合适的法向外推距离与缩放比例，点击【确定】。选中一个封闭线圈，单击【三维建模 | 矿体建模 | 封闭边界】，封闭矿体边界(图 5-7)，其中深色为矿体封闭面，浅色为矿体边界相似外推面。选择尖灭到点模式，设置法向外推距离(图 5-8)，其中浅色为矿体边界尖灭到点形成的面。

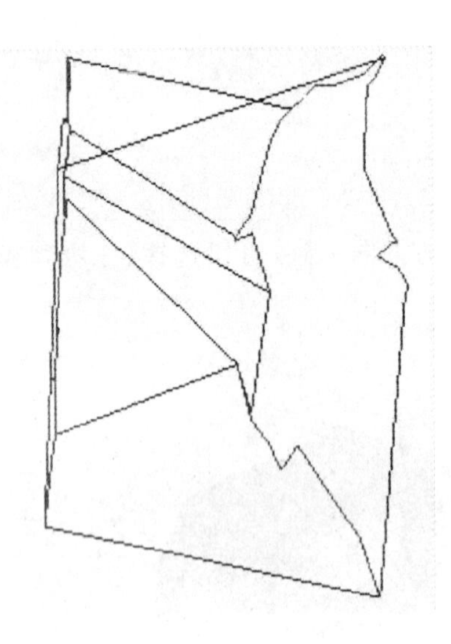

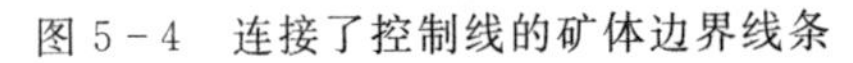

图 5-4 连接了控制线的矿体边界线条

图 5-5 控制线建立的矿体模型

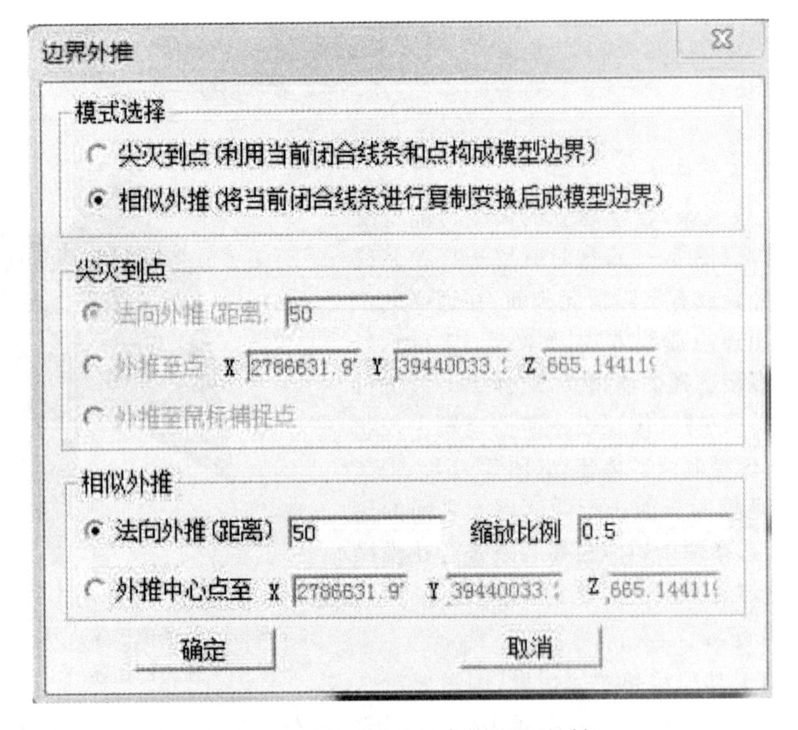

图 5-6 矿体边界外推参数设置对话框

创建一条线,并将线的两端与矿体边界线圈相连(图 5-9),实线条为连接线条,虚线条为创建的线条。选中创建的线条与矿体边界,然后长按 Tab 键,选中两条连接线,点击【三维建模|矿体建模|边界尖灭到线条】,如图 5-10 所示,其中深色为矿体边界尖灭到形成的面。

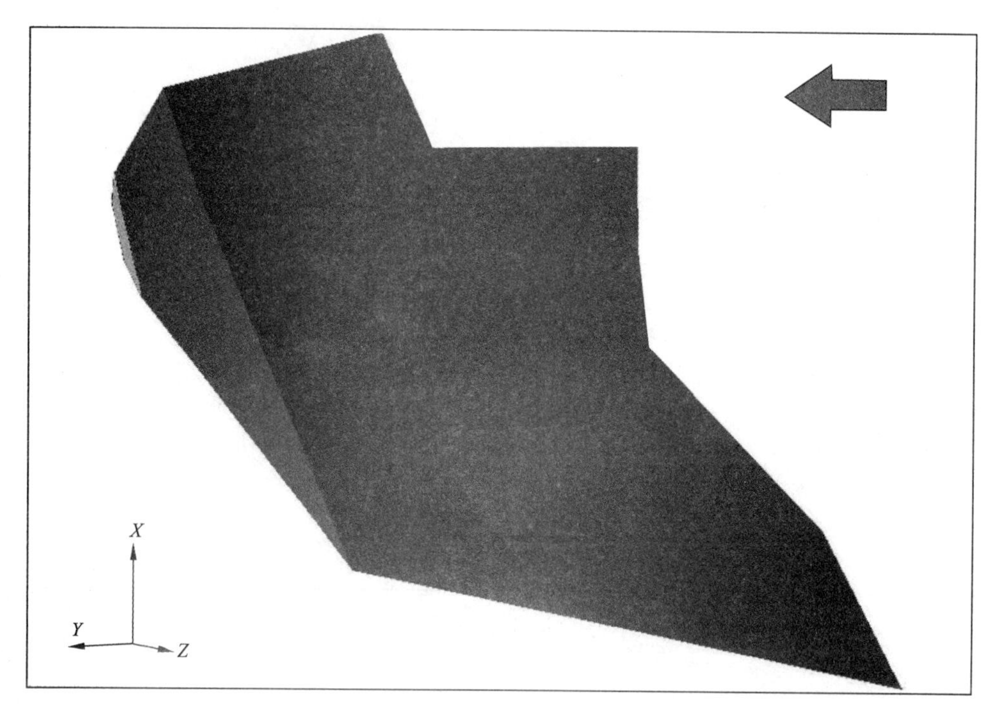

图 5-7　相似外推与封闭成面

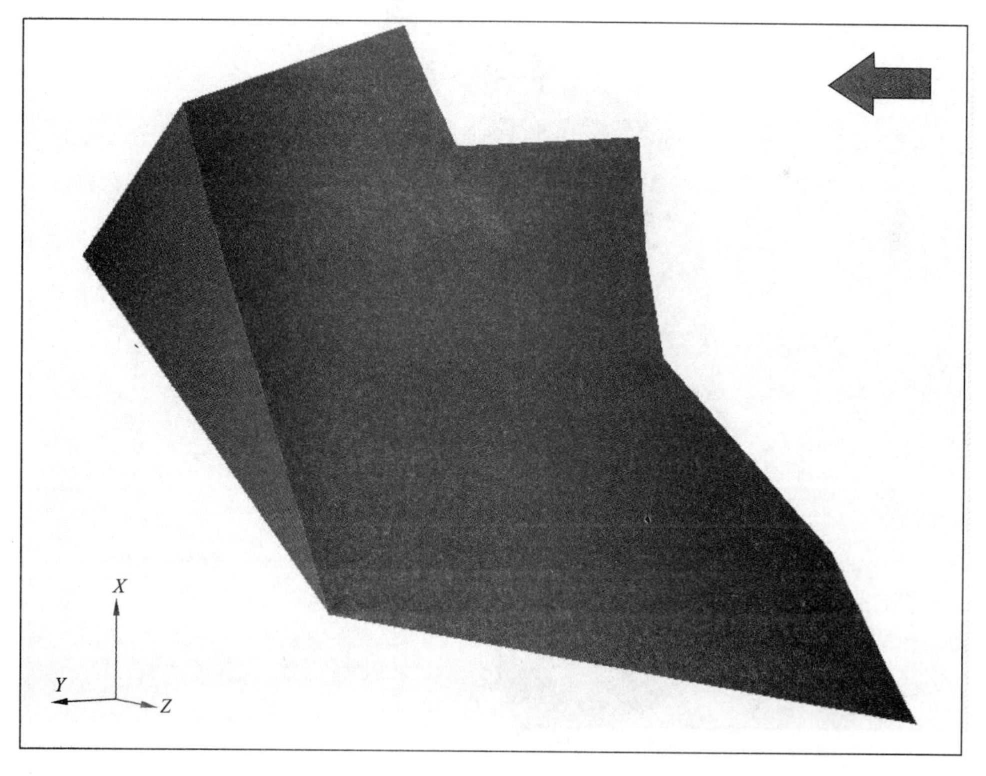

图 5-8　尖灭到点

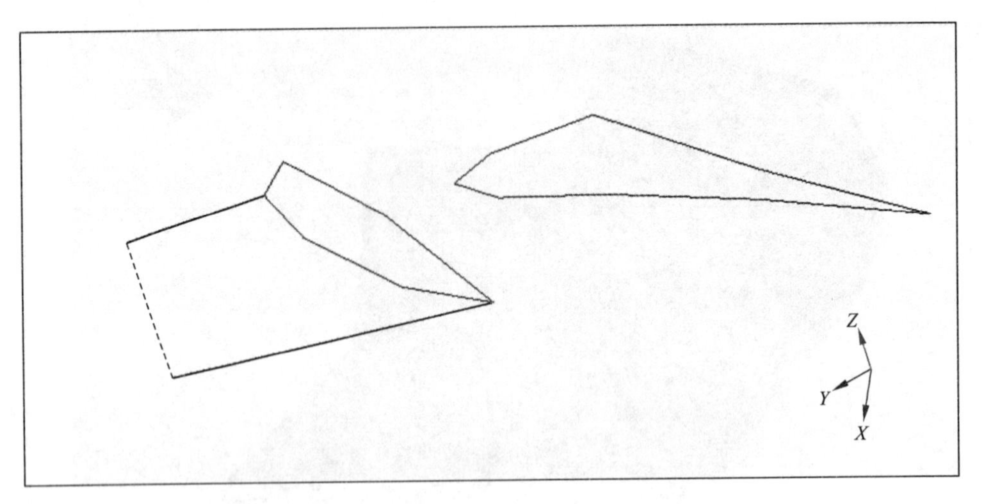

图 5-9　尖灭线条

图 5-10　封闭线圈尖灭到线条

4. 封闭矿体边界

在矿体边界不需要外推封闭时，可以直接选择封闭矿体边界，点击菜单【矿体建模｜封闭边界】(图 5－11)。

5. 多边形拓扑结构检查

为防止生成的矿体出现拓扑结构问题，系统提供了检查拓扑结构的功能，主要检查多边形中的重复点创建的多边形问题，选中矿体边界多边形，点击菜单【编辑｜多边形编辑｜修正奇异多边形】，即可实现结构检查功能，同时提示是否有结构问题，如果有拓扑结构问题，将直接进行修改。提示内容如图 5－12 所示。

图 5－11　直接封闭矿体边界

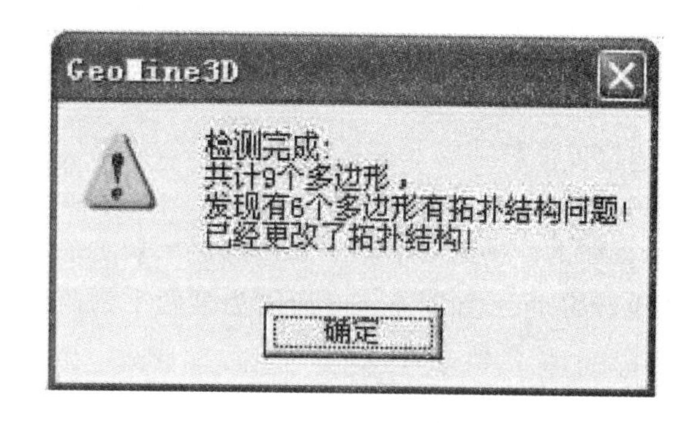

图 5－12　检查多边形拓扑结构结果

6. 多边形相交检查

在建模过程中可能会出现矿体边界多边形相交的现象，通过视图肉眼不能检查到，系统提供检查的功能，选中要检查的多边形，点击菜单【编辑｜多边形编辑｜多边形相交检查】，被检查出有相交现象的多边形将设置为红色，同时设置为选中状态，供用户进行查看和修改，检查后的提示如图 5－13 所示。

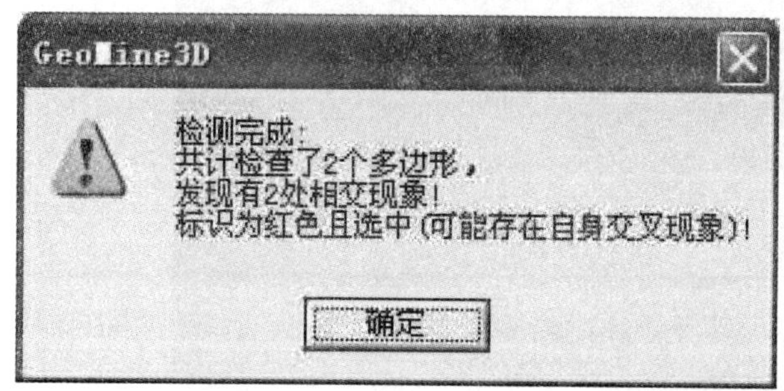

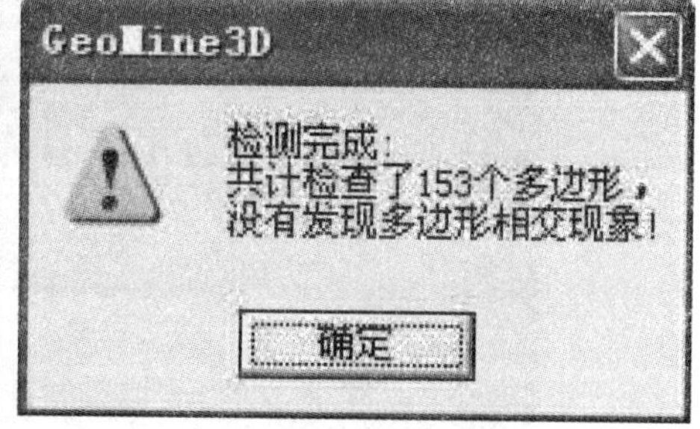

图 5－13　多边形相交检查结果

7. 多边形成体检查

在矿体边界多边形通过以上步骤建立起来之后，在成体操作之前还要进行多边形成体检查，点击菜单【三维建模｜矿体模型生成｜多边形成体检查】，检查结果用对话框提示，如图 5－14所示。如果发现成体有问题就要回头检查拓扑结构或者检查矿体边界线条是否有问题。

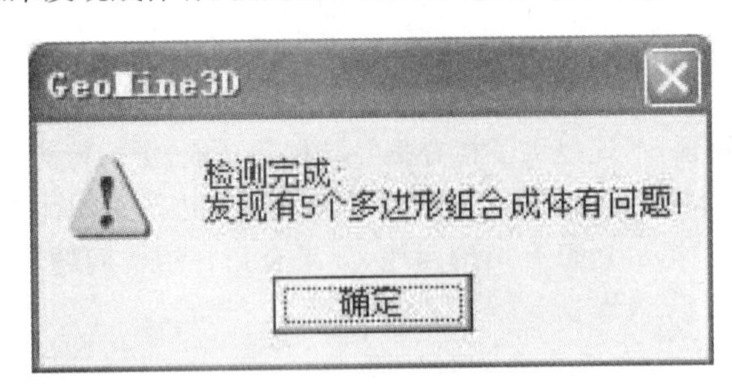

图 5－14　多边形成体检查

8. 多边形成体

通过以上处理后的矿体边界多边形，如果不存在任何问题即可以进行矿体建立，点击菜单【三维建模｜矿体模型生成｜多边形成体】，实现矿体模型的建立，如图 5－15 所示为某两个剖面之间建立的矿体模型。

图 5－15　两个剖面间某矿体模型

(三)建立矿体模型

按照以上第(二)步的方法和步骤进行建立矿体模型，建好的矿体模型如图 5－16 所示。

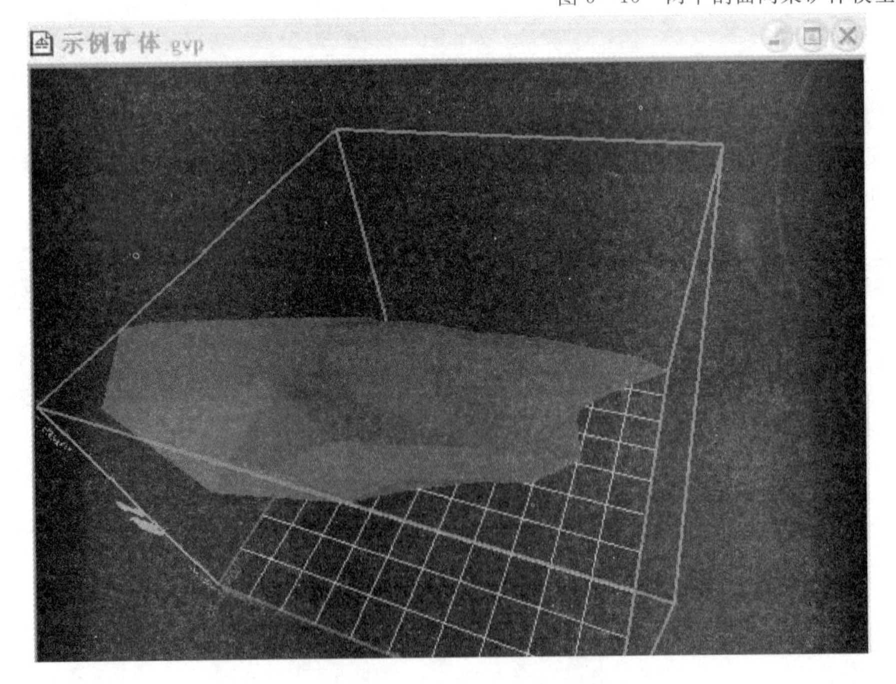

图 5－16　导入矿体模型

(四)地质统计学储量估算

1. 设置工作路径

在进行计算之前需要先对工作路径进行设置，便于对需要使用的文件进行导入、导出和选择等管理。点击【工程｜设置工作路径】(图 5－17)，设置工作路径(图 5－18)。

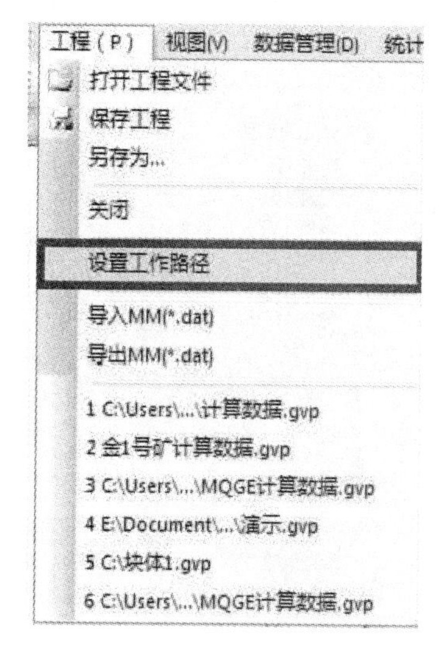

图 5－17　设置工作路径

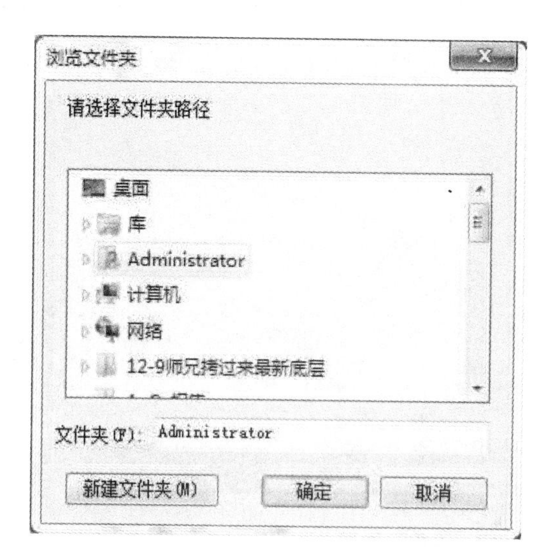

图 5－18　设置工作路径对话框

2. 导入样品数据

点击【数据管理｜连接数据库】，弹出如图 5－19 所示的对话框。

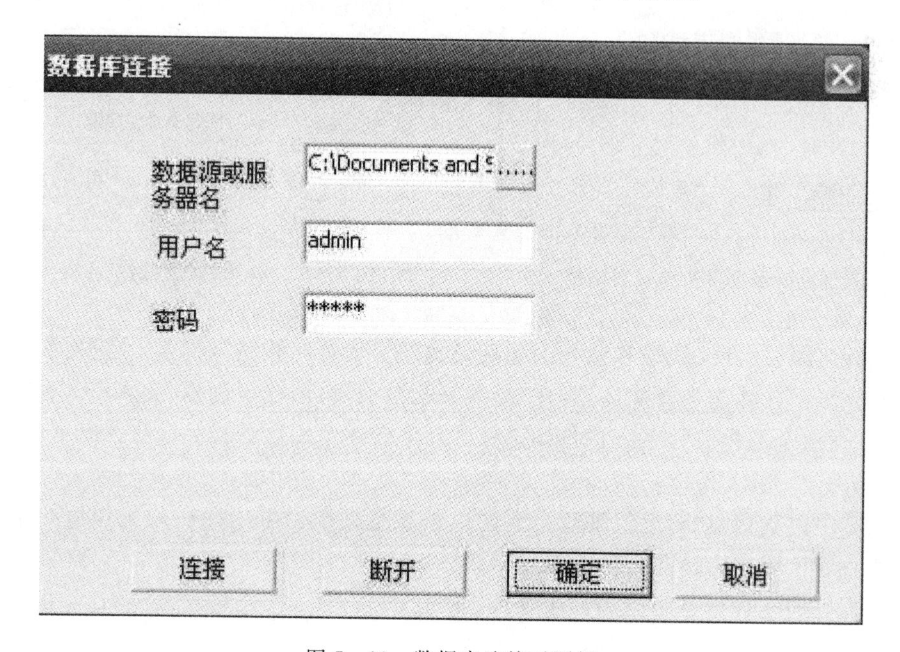

图 5－19　数据库连接对话框

选择数据源或者服务器名以及输入用户名与密码最后单击【连接】按钮建立与 SQL - Selver 数据库的连接。然后点击【数据管理｜选择勘探区和分析项目】，弹出如图 5 - 20 所示的对话框。

最后单击【数据管理｜导入钻孔柱状图】，弹出如图 5 - 21 所示的对话框。

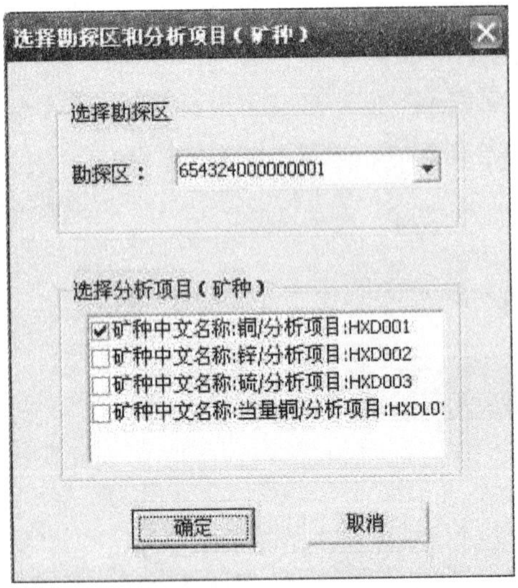

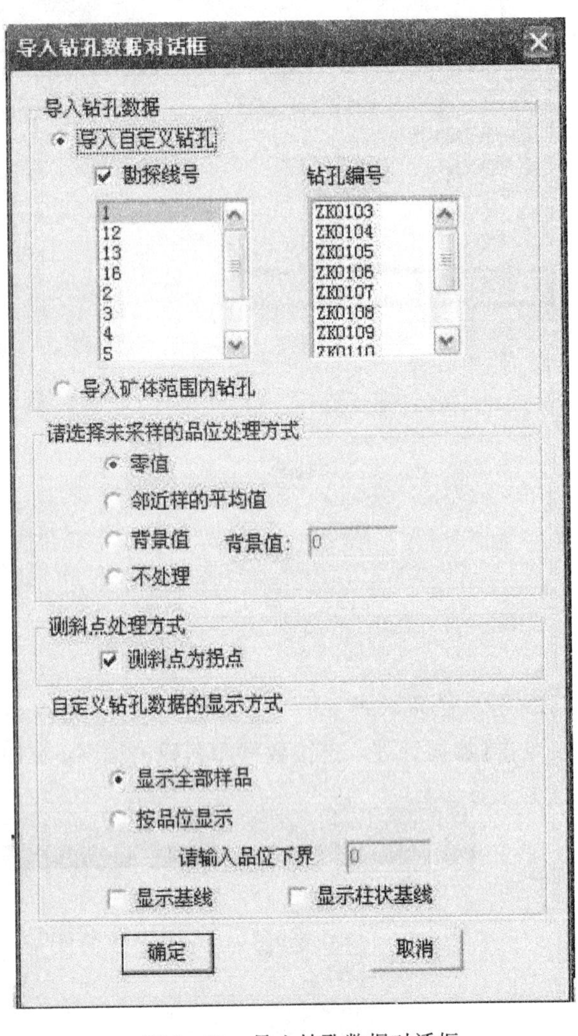

图 5 - 20　选择勘探区和分析项目对话框

图 5 - 21　导入钻孔数据对话框

选择钻探区编号、勘探线号和钻孔编号后，选择“显示全部样品”，再点击【确定】，即可导入相应的钻孔数据。或者先选择矿体，再在“导入钻孔数据”对话框中选择“导入矿体范围内的钻孔”，再选择“显示全部样品”，系统将自动选择并导入矿体范围内的样品。导入结果如图5 - 22 所示。

图 5 - 22 中白灰相间的、近似垂直向下的线条就是钻孔。可以在右边工作区栏中右击钻孔的图层来查看该图层中钻孔数据的属性信息。

平硐数据与炮孔数据可用类似方法导入。

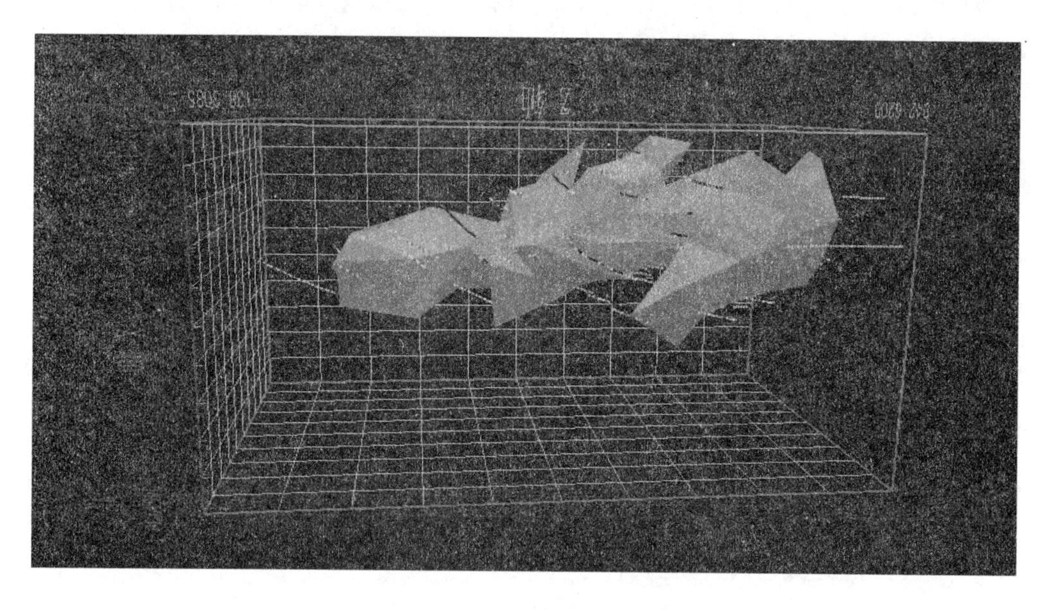

图 5-22　导入矿体范围内钻孔

3. 样品等长化分割

在样品等长化处理之前可先进行样品样长分析和品位分析，以确定样品等长化所需参数。点击【统计分析｜基本统计】，弹出如图 5-23 所示的对话框。

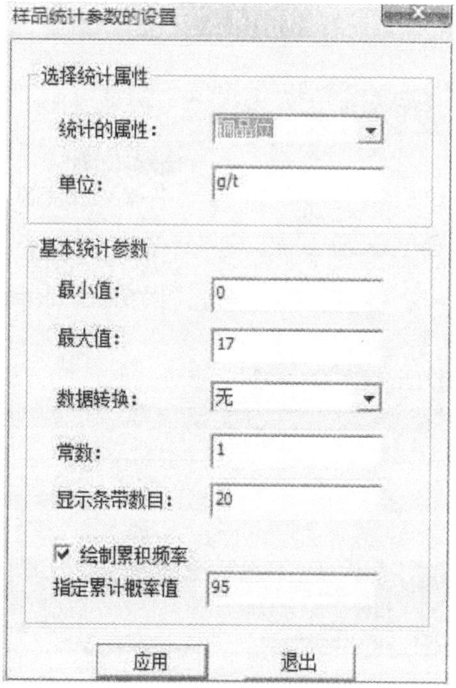

样品统计参数的设置

选择统计属性

统计的属性：

单位：g/t

基本统计参数

最小值：0

最大值：17

数据转换：无

常数：1

显示条带数目：20

☑ 绘制累积频率

指定累计概率值 95

应用　退出

图 5-23　样品统计参数的设置对话框

在其中设置统计的属性、最大值、最小值、数据转换类型以及显示条带数目等参数，最后单击【确定】按钮，统计的结果如图 5 - 24 所示。

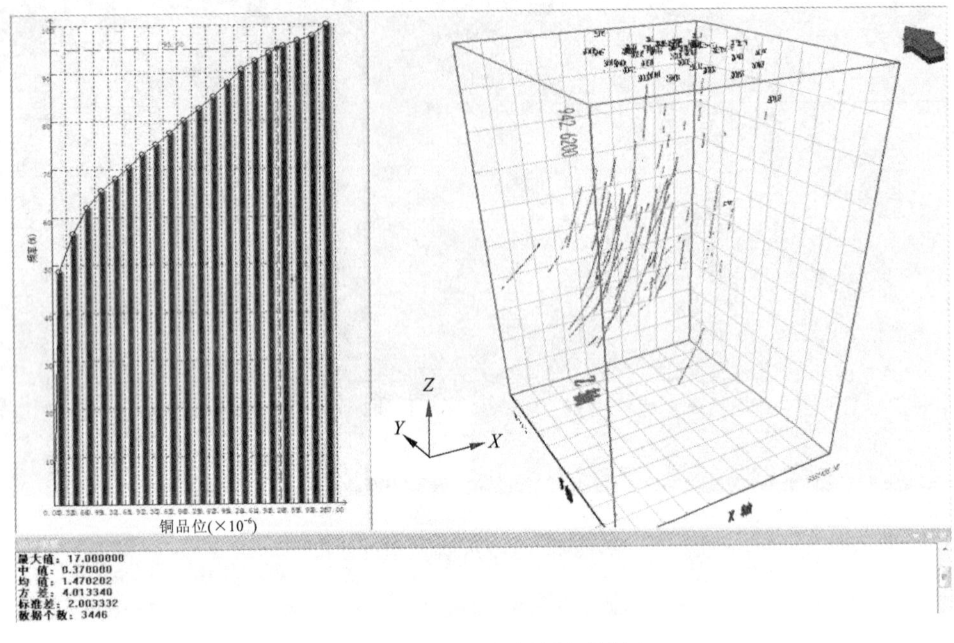

图 5 - 24　品位统计结果对话框

根据样长统计和品位统计的结果，确定适当的组合样长、最小样长、特高品位截取值、特高品位替代值等参数。点击【数据管理｜数据分析管理｜特高值处理】，弹出如图 5 - 25 所示的对话框。

样品特高品位处理

请输入

特高品位截取值　0.5

特高品位替代方式

一般品位最高值

一般品位最高值
平均品位（除特高值）
特高品位相邻两个样品的平均值
特高品位以及相邻品位平均值

选择需要进行处理的当前图层属性字段

铜品位

执行　　退出

图 5 - 25　样品特高品位处理对话框

选择图层、处理属性以及特高品位替代方式，最后输入特高品位截取值点击【执行】，则对选择的样品属性字段值进行特高品位处理。

点击【数据管理｜数据分析管理｜样品等长化组合】，弹出如图 5－26 所示的对话框。

样品等长化处理

请输入

组合样长　3

最小长度值　1

选择需要进行处理的当前图层属性字段

铜品位

执行　退出

图 5－26　样品等长化组合对话框

图层及属性字段与特高品位处理中的选择一致，最后输入组合样长及最小长度值两个参数并单击【执行】按钮，处理的结果如图 5－27 所示。

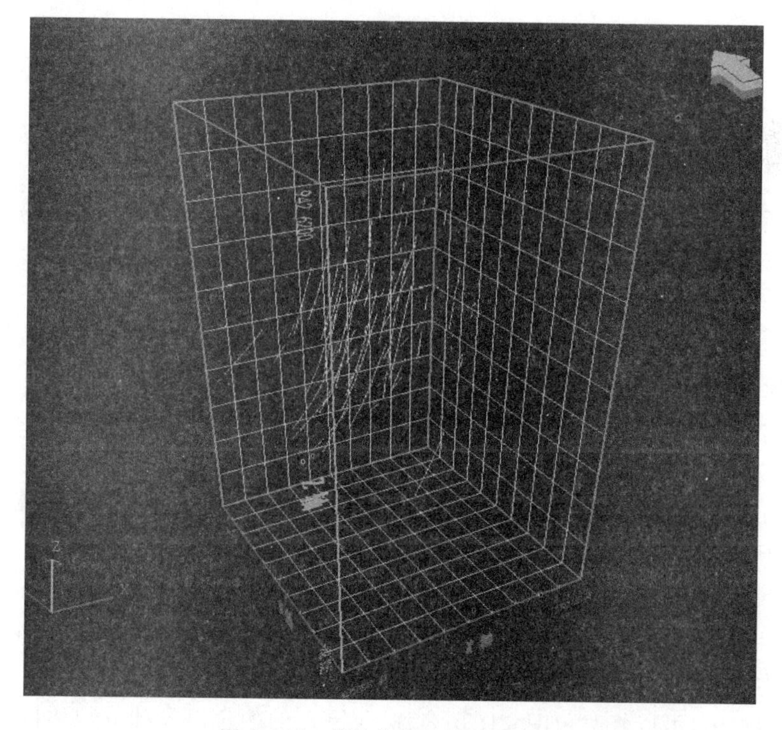

图 5－27　等长化样品结果示意图

等长化处理后的样品自动存放在名为“等长化处理后的样品”图层。

图中黑白相间的线条表示等长化处理后的样品。

4.变差函数的计算及拟合

单击【变异函数统计｜定向变差函数】，弹出如图 5－28 所示的对话框。

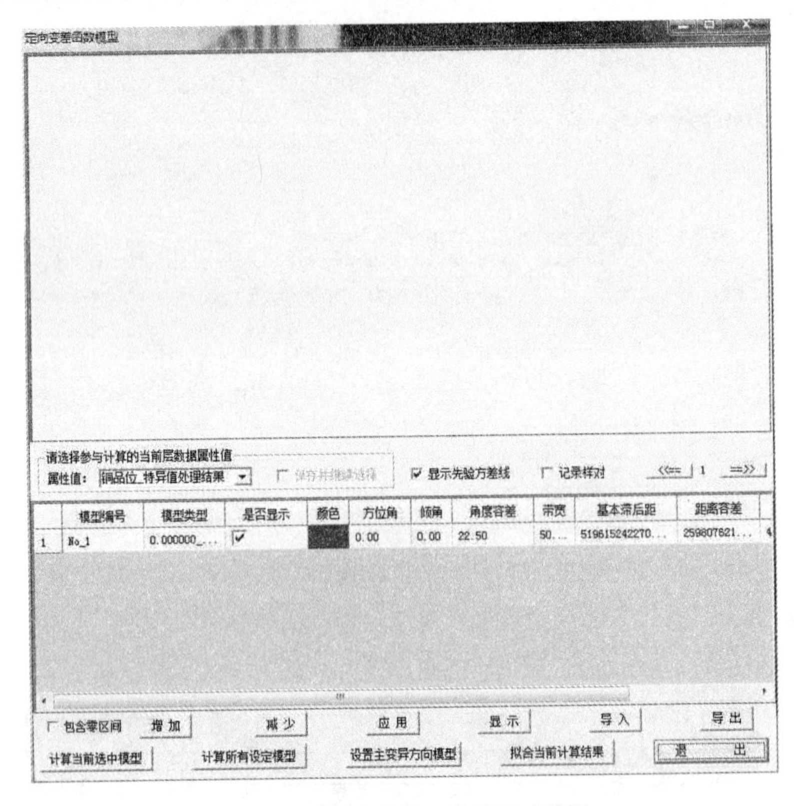

图 5－28　定向变差函数模型对话框

设置对话框中的方位角、倾角、角度容差、带宽、基本滞后距、距离容差和滞后数目等参数，如图 5－29 所示，点击【计算所有设定模型】按钮，结果如图 5－30 所示，选择此模型并点击【设置主变异方向模型】按钮，结果如图 5－31 所示。

点击【增加】按钮，按照上述方法和步骤分别计算第二与第三方向变差函数模型，计算结果如图 5－32 所示。

设置好对话框中的各个参数后，单击【拟合当前计算结果】则计算好变异函数的相应参数值，其结果图如图 5－33 所示。

可以通过鼠标拉动左边视图中的曲线，以确定更好的拟合参数，最后单击【导出】按钮输出拟合参数便于克里格估值，将结果保存在设置好的工作路径中。

5.块体模型的构建

第一步，根据建好的矿体模型，选择该模型的图层，先构建包围盒模型。点击【块体统计｜新建模型｜构建包围盒模型】，弹出如图 5－34 所示的对话框。

在此对话框内，可以修改包围盒图层名称、包围盒的颜色以及建立块体的长度、宽度及高度。然后，点击【确定】按钮得到包围盒模型（图 5－35）。

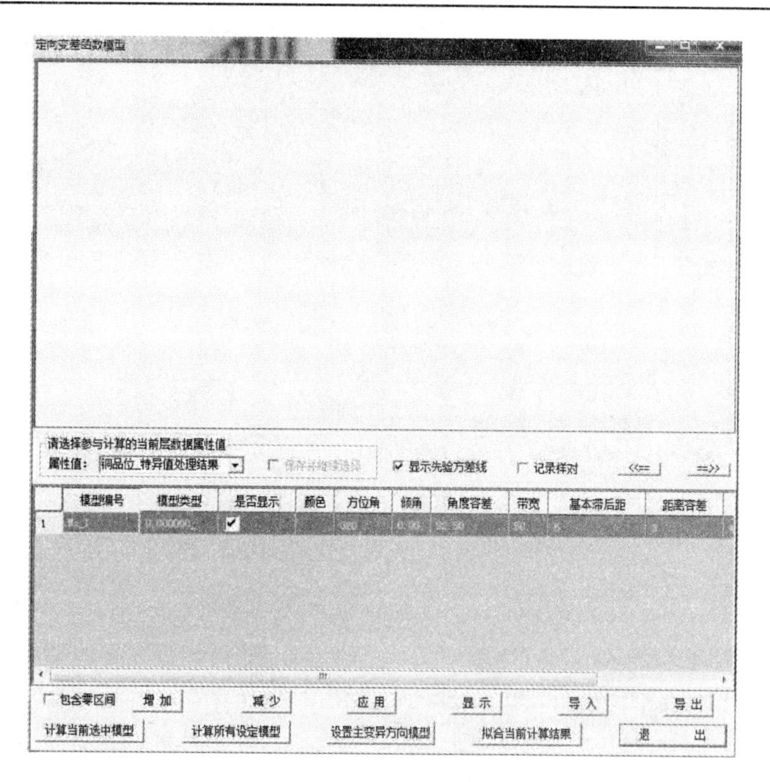

图 5-29　设置第一变差函数参数

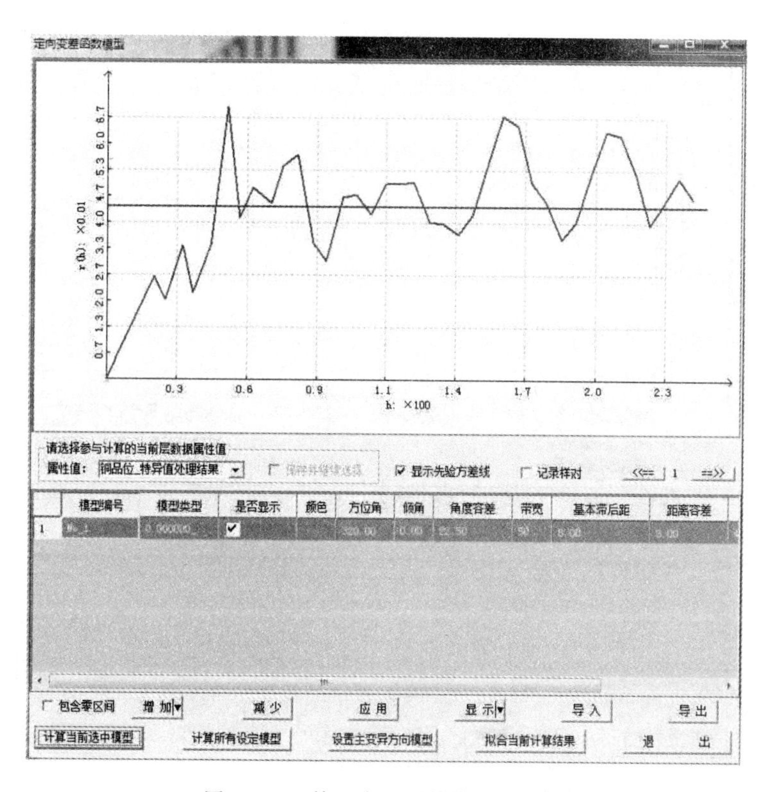

图 5-30　第一变差函数模型折线图

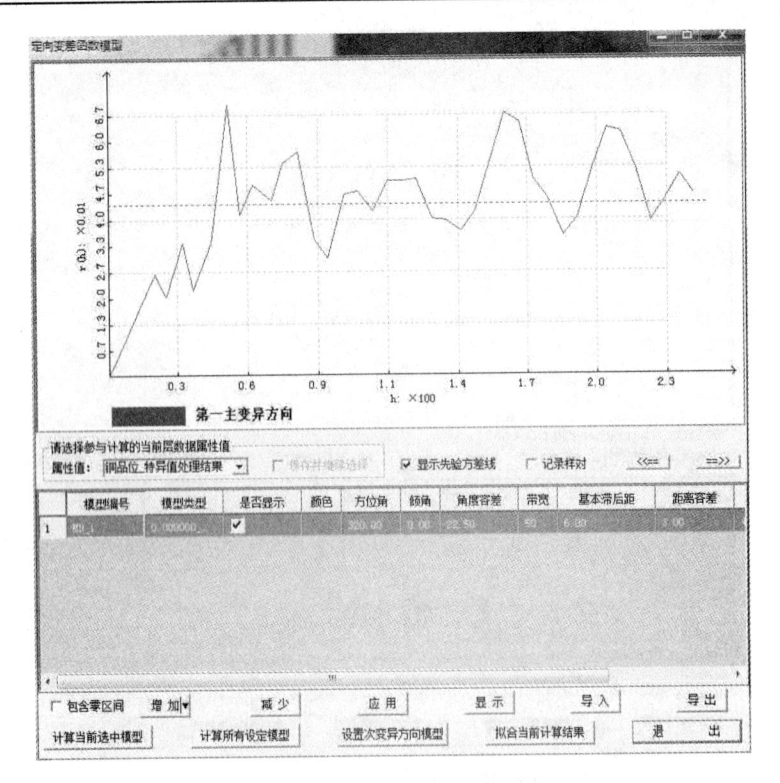

图 5-31　第一主变异函数模型

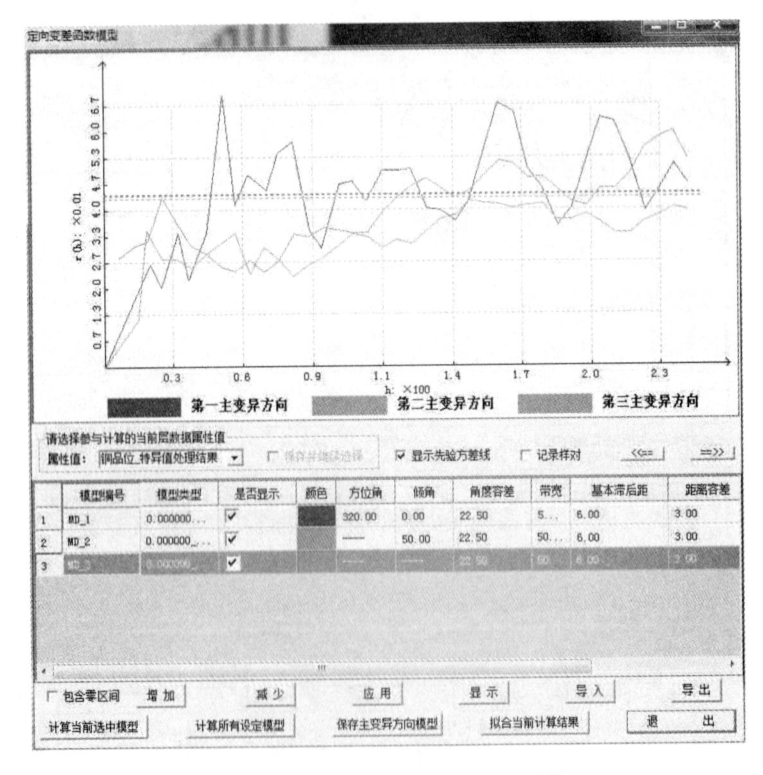

图 5-32　三个主变异方向变差函数模型

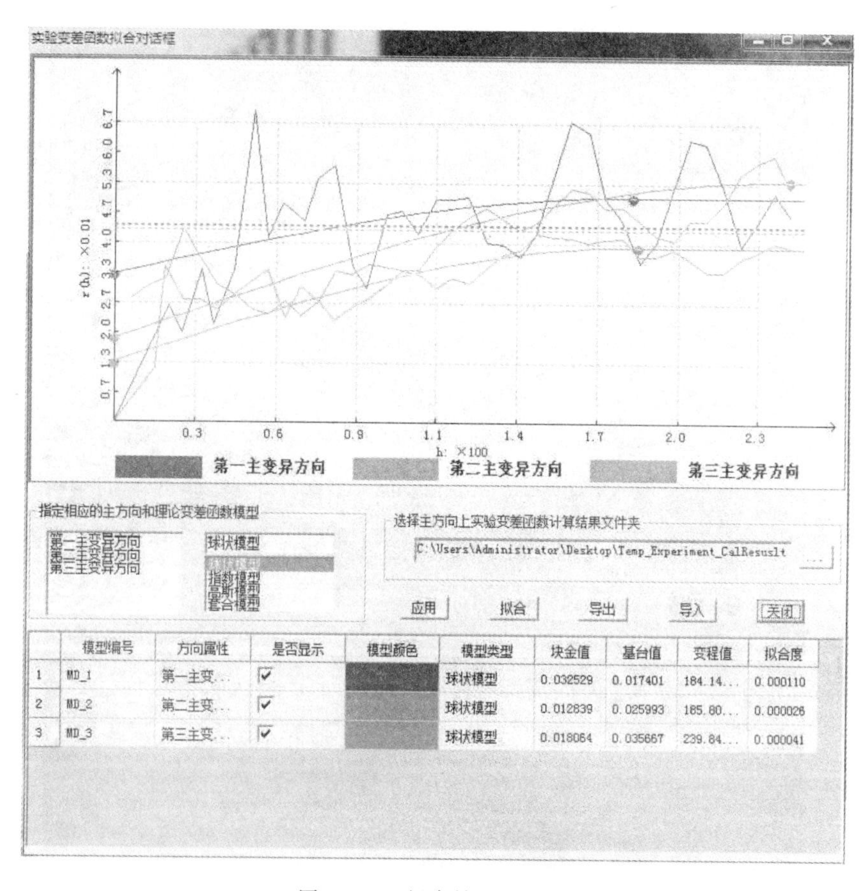

图 5－33　拟合结果示意图

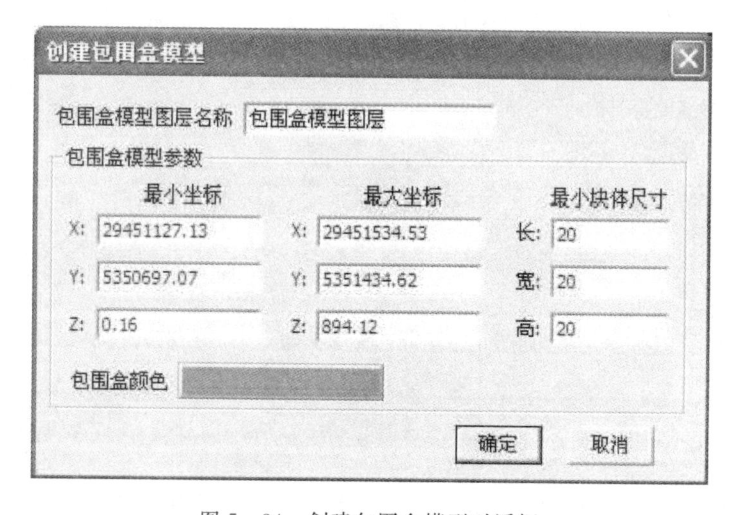

图 5－34　创建包围盒模型对话框

第二步，建立基于约束对象的块体模型。选择第一步建立的包围盒模型图层，点击【块体模型｜新建模型｜约束块体模型】，弹出块体约束引擎对话框，如图 5－36 所示。

图 5 - 35　创建包围盒模型

块体模型约束引擎

约束信息

约束图层　矿体

约束属性　ID

约束方式

约束对象内部　约束对象外部　保留边界块体

子块体

(10.000000,10.000000,10.000000)

应用　退出　高级

图 5 - 36　创建块体模型对话框

点击【确定】按钮，然后点击块体模型约束引擎对话框中的【退出】按钮，即可得到基于约束对象的块体模型，如图 5 - 37 所示。

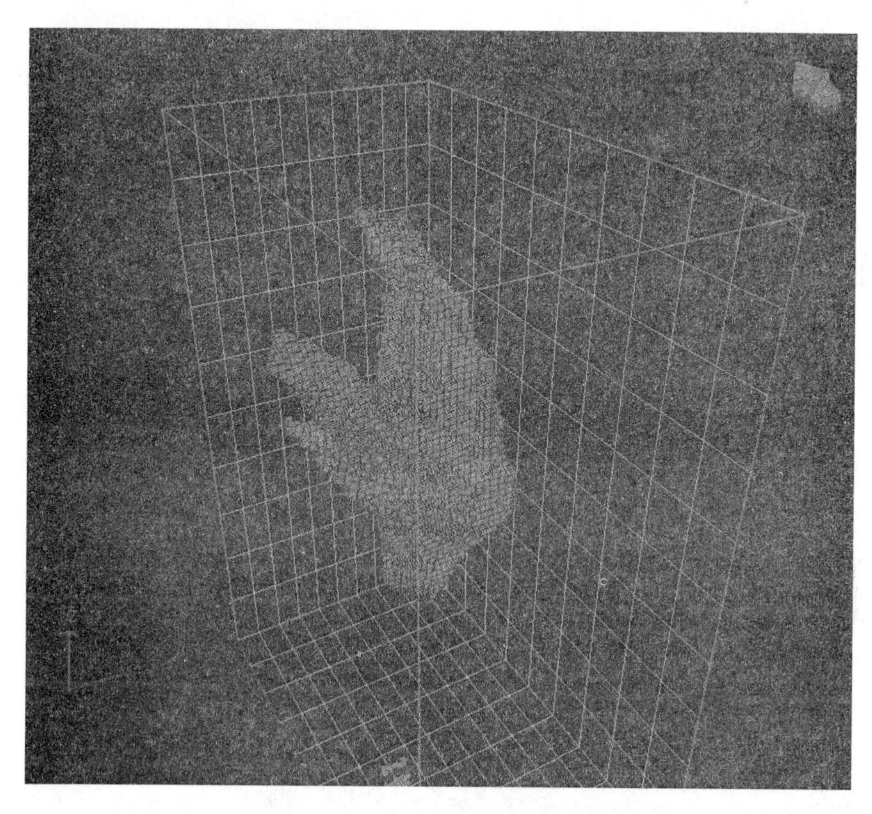

图 5 - 37　块体模型示意图

6. 距离幂次反比法插值

(1)点击【块体模型｜搜索椭球体】按钮，弹出搜索样品参数设置对话框，设置所有参数(一般只需更改搜索椭球体大小和方位，其他参数默认即可)，如图 5 - 38 所示。

在此对话框中，可以设置搜索椭球体大小和方位、分区类型、参与估值的样品参数及搜索椭球体放大比例。

(2)上一步设置完后，点击【应用】按钮，然后点击【退出】按钮，关闭对话框，结果如图5 - 39 所示。

(3)右键"包围盒模型图层"，选择"属性结构"，增加属性字段"铜品位"，如图 5 - 40 所示，点击【确定】按钮。

(4)点击【块体模型|块体赋值|块体估值】按钮，弹出如图 5 - 41 所示的对话框，选择图层为"包围盒模型图层"，字段为新增字段"铜品位"，点击【确定】按钮，弹出如图 5 - 42 所示的对话框。

(5)选择插值方法为"距离幂次反比法"，选择样品数据来源为"自由层_等长化处理结果"图层和"铜品位_特异值处理结果"属性，幂次数设置为"2"，可双击搜索椭球体模型中的图层编辑框，弹出如 5 - 43 所示的对话框，更改搜索椭球体参数，这时"搜索椭球体_储量计算"图层将被新搜索椭球体替换。若要保存之前设置的搜索椭球体，又要新增一个搜索椭球体模型，可更改图层名，如图 5 - 44 所示，然后双击搜索椭球体模型中的图层编辑框，更改搜索椭球体参数，这时将有两个搜索椭球体图层。搜索椭球体模型设置完成后，点击【执行】按钮，稍等片刻插值就完成了。

搜索样品参数设置

设置搜索椭球体的图层名

图层名　搜索椭球体_储量计算

搜索椭球体中心点坐标

坐标X　29451328.41151　坐标Y　5351087.138573　坐标Z　432.0370767332

搜索椭球体大小和方位

主轴半径　100　次轴半径　50　短轴半径　30

主轴方位角　30　主轴倾角　120　次轴倾角　0

搜索椭球体分区设置

分区类型　不分区　☑ 显示分区面

参与估值的样品参数设置

最少样品总数　2　单个分区内最多样品数　10

搜索条件不满足时按比例扩大搜索范围

主轴放大比例　1　次轴放大比例　1　短轴放大比例　1

应用　退出

图 5-38　生成椭球体对话框

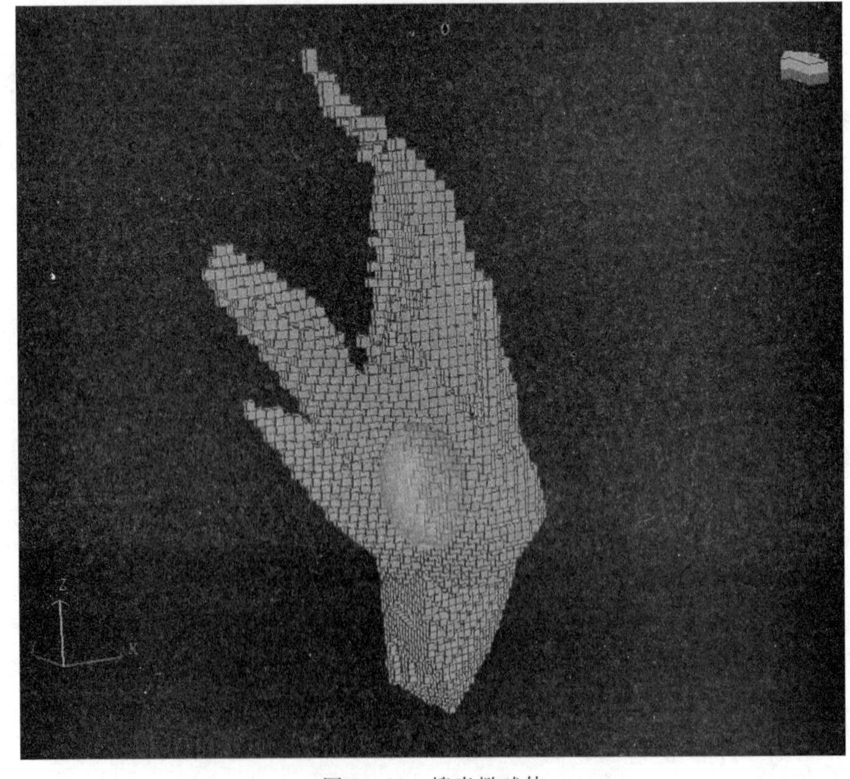

图 5-39　搜索椭球体

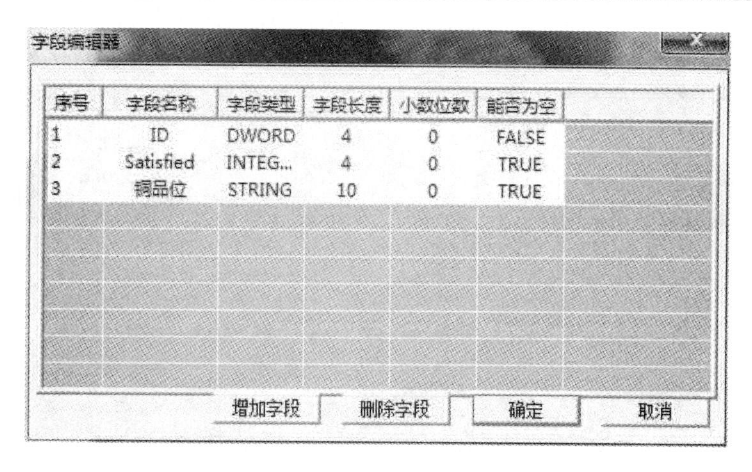

图 5-40　增加品味字段

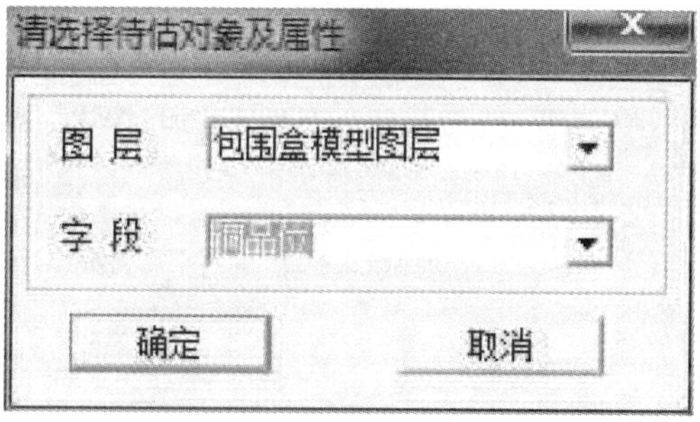

请选择待估对象及属性
图 层　包围盒模型图层
字 段　铜品位
确定　取消

图 5-41　选择待估对象及属性

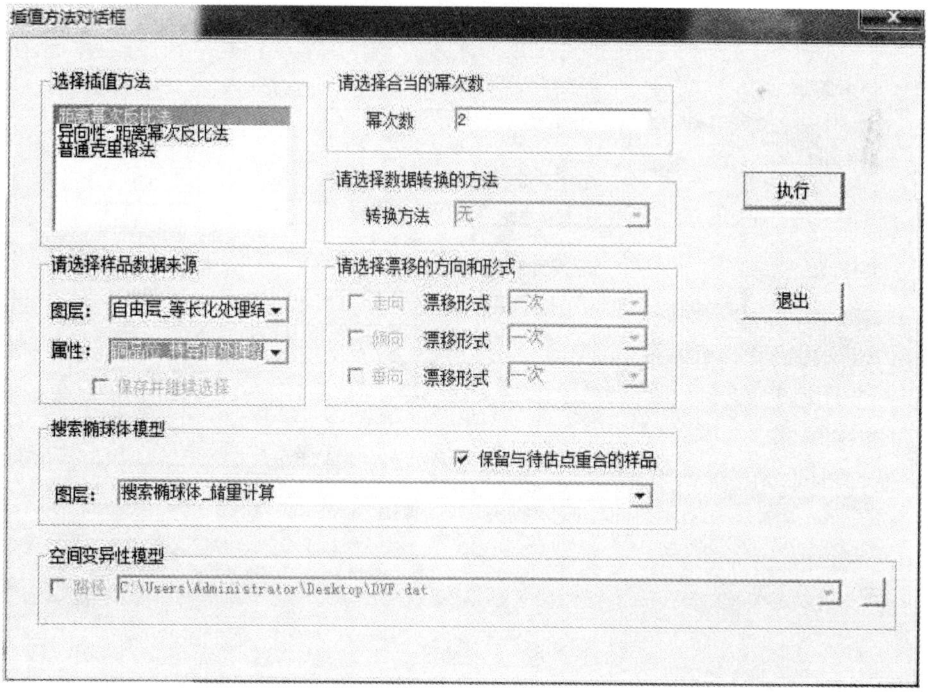

插值方法对话框
选择插值方法
距离幂次反比法
异向性-距离幂次反比法
普通克里格法
请选择合当的幂次数
幂次数　2
请选择数据转换的方法
转换方法　无
执行
请选择样品数据来源
图层：自由层_等长化处理结
属性：铜品位_待完值保留
保存并继续选择
请选择漂移的方向和形式
走向　漂移形式　一次
倾向　漂移形式　一次
垂向　漂移形式　一次
退出
搜索椭球体模型
保留与待估点重合的样品
图层：搜索椭球体_储量计算
空间变异性模型
路径　C:\Users\Administrator\Desktop\DVF.dat

图 5-42　插值方法对话框

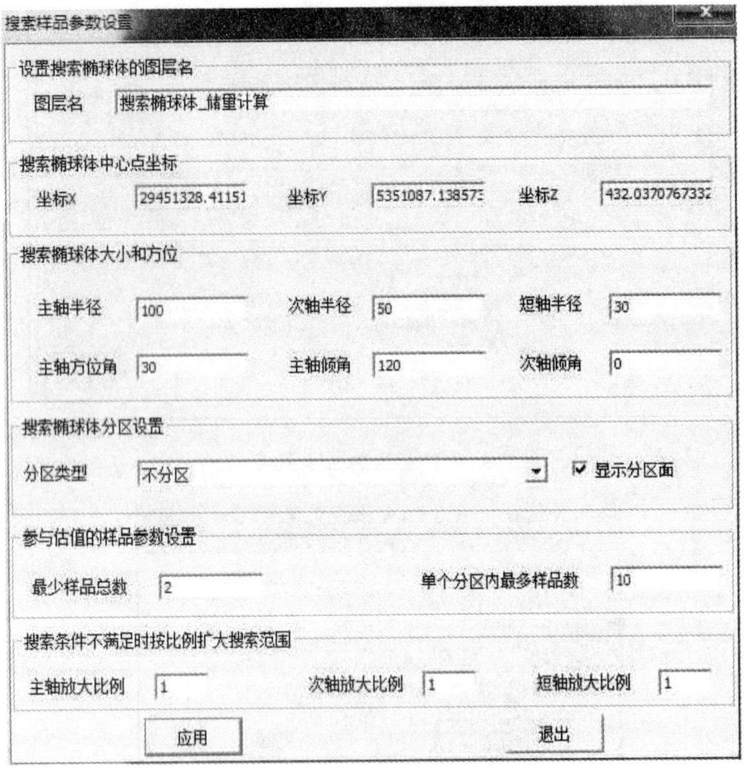

搜索样品参数设置

设置搜索椭球体的图层名

图层名 搜索椭球体_储量计算

搜索椭球体中心点坐标

坐标X 29451328.41151 坐标Y 5351087.138573 坐标Z 432.0370767332

搜索椭球体大小和方位

主轴半径 100 次轴半径 50 短轴半径 30

主轴方位角 30 主轴倾角 120 次轴倾角 0

搜索椭球体分区设置

分区类型 不分区 显示分区面

参与估值的样品参数设置

最少样品总数 2 单个分区内最多样品数 10

搜索条件不满足时按比例扩大搜索范围

主轴放大比例 1 次轴放大比例 1 短轴放大比例 1

应用 退出

图 5-43 更改搜索椭球体参数

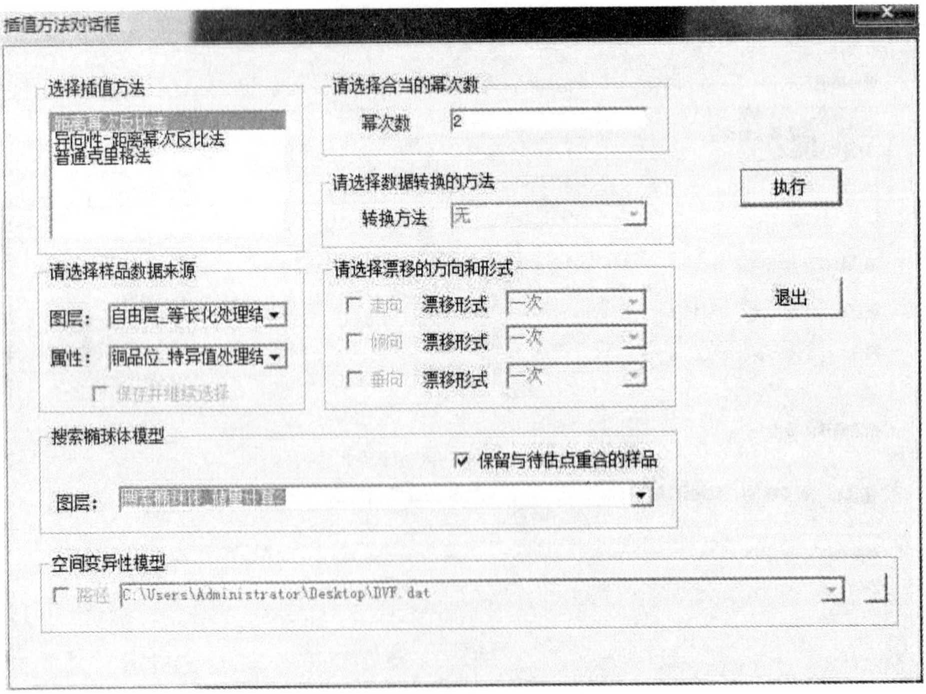

插值方法对话框

选择插值方法

距离幂次反比法

异向性-距离幂次反比法

普通克里格法

请选择合当的幂次数

幂次数 2

请选择数据转换的方法

转换方法 无

执行

请选择样品数据来源

图层： 自由层_等长化处理结

属性： 铜品位_特异值处理结

保存并继续选择

请选择漂移的方向和形式

走向 漂移形式 一次

倾向 漂移形式 一次

垂向 漂移形式 一次

退出

搜索椭球体模型

保留与待估点重合的样品

图层： 搜索椭球体_储量计算

空间变异性模型

路径 C:\Users\Administrator\Desktop\DVF.dat

图 5-44 新增搜索椭球体图层

7. 普通克里格法插值

(1)依照距离幂次反比法的步骤，构建搜索椭球体(图 5-43)，为块体模型图层添加"铜品位"字段(图 5-45)。

(2)点击【块体模型|块体赋值|块体估值】，弹出如图 5-45 所示的对话框，选择图层为包围盒模型图层，字段为新增字段"铜品位"，点击【确定】，弹出如图 5-46 所示的对话框。

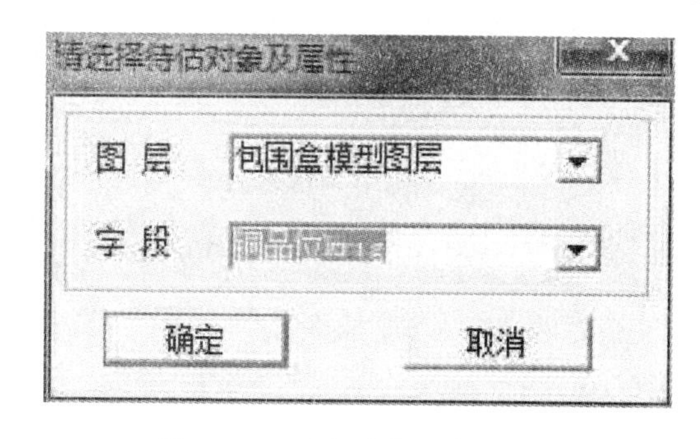

图 5-45　选择待估对象及属性

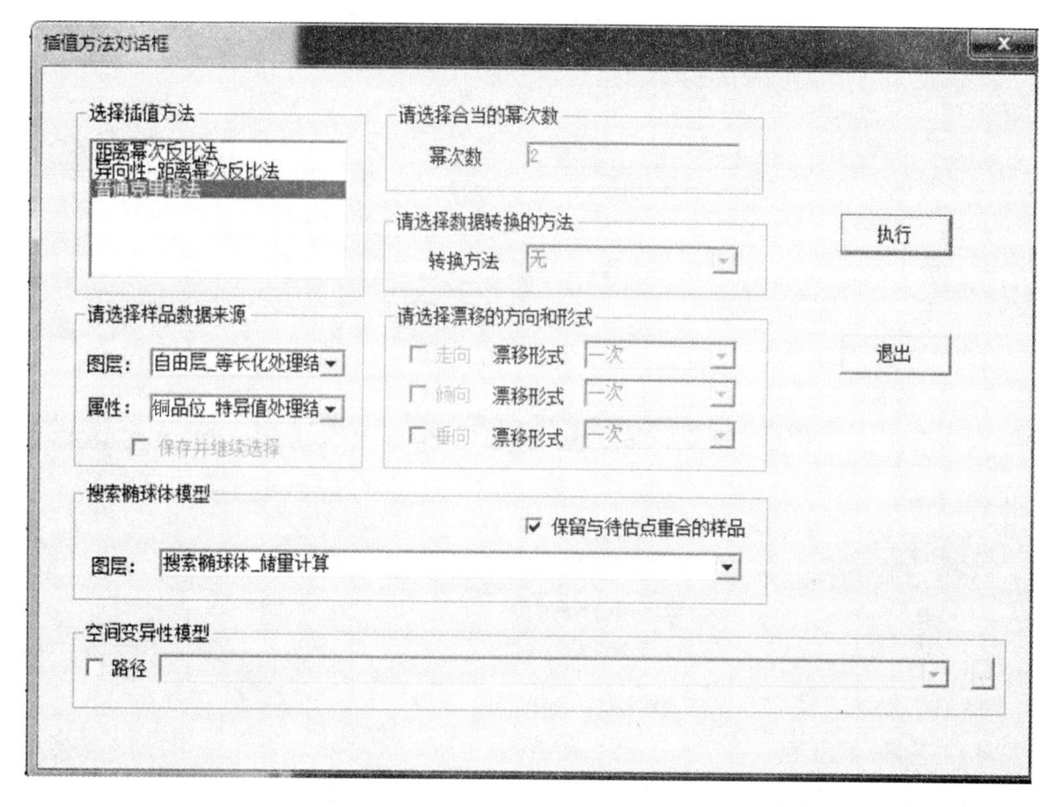

图 5-46　插值方法对话框

(3)选择插值方法为"普通克里格法"，选择样品数据来源为"自由层_等长化处理结果"图层和"铜品位_特异值处理结果"属性，勾选路径，点击最右侧按钮，弹出如图 5-47 所示的对话框，选择之前保存的变差函数计算结果文件夹，点击【确定】按钮。设置完所有参数后，点击插值方法对话框中的【执行】按钮，如图 5-48 所示。

8. 储量报告生成

根据块体插值结果，统计文件中矿体的储量、金属量和废石量。

(1)点击【块体模型|块体报告|块体报告】，弹出块体模型报告对话框，在此对话框中可以对所生成的储量报告进行设置，其参数设置如图 5-49 所示。

列：指报告的主要内容，从属性下拉列表中选择要报告的属性。

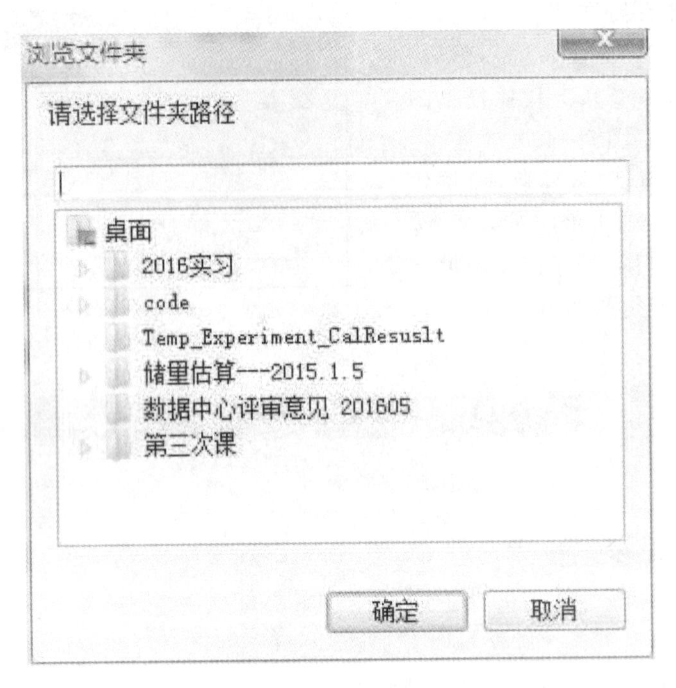

图 5-47　选择变差函数文件夹

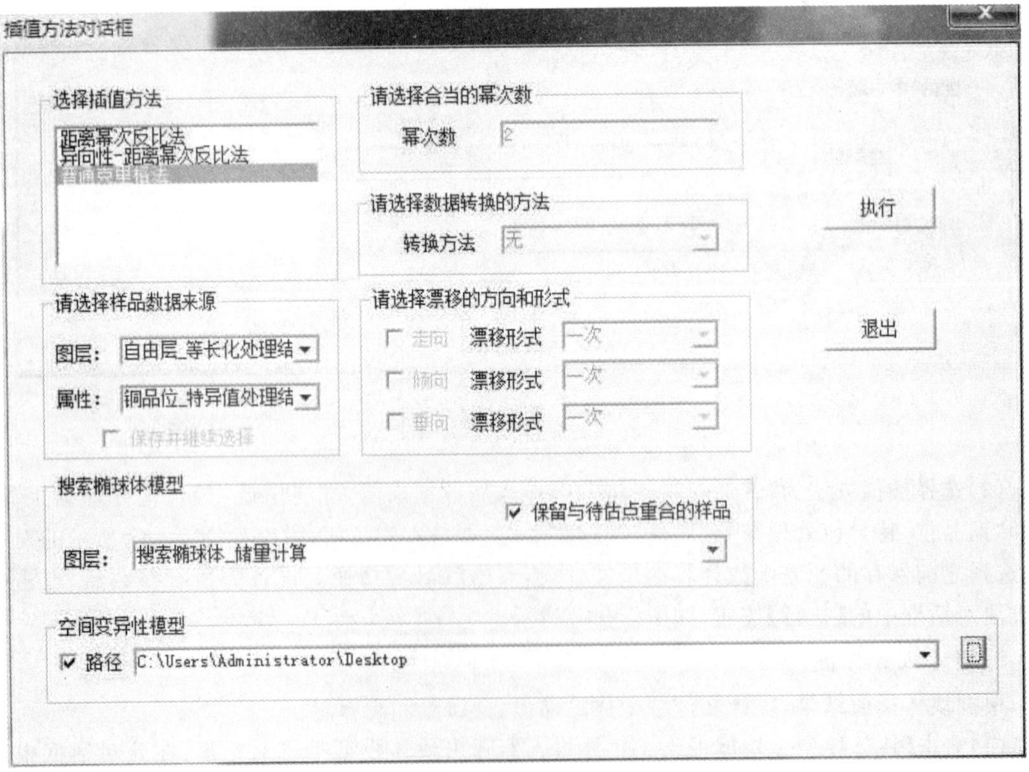

插值方法对话框
选择插值方法
距离幂次反比法
异向性-距离幂次反比法
普通克里格法
请选择合当的幂次数
幂次数 2
请选择数据转换的方法
转换方法 无
执行
请选择样品数据来源
图层：自由层_等长化处理结
属性：铜品位_特异值处理结
保存并继续选择
请选择漂移的方向和形式
走向 漂移形式 一次
倾向 漂移形式 一次
垂向 漂移形式 一次
退出
搜索椭球体模型
保留与待估点重合的样品
图层：搜索椭球体_储里计算
空间变异性模型
路径 C:\Users\Administrator\Desktop

图 5-48　克里格法参数设置

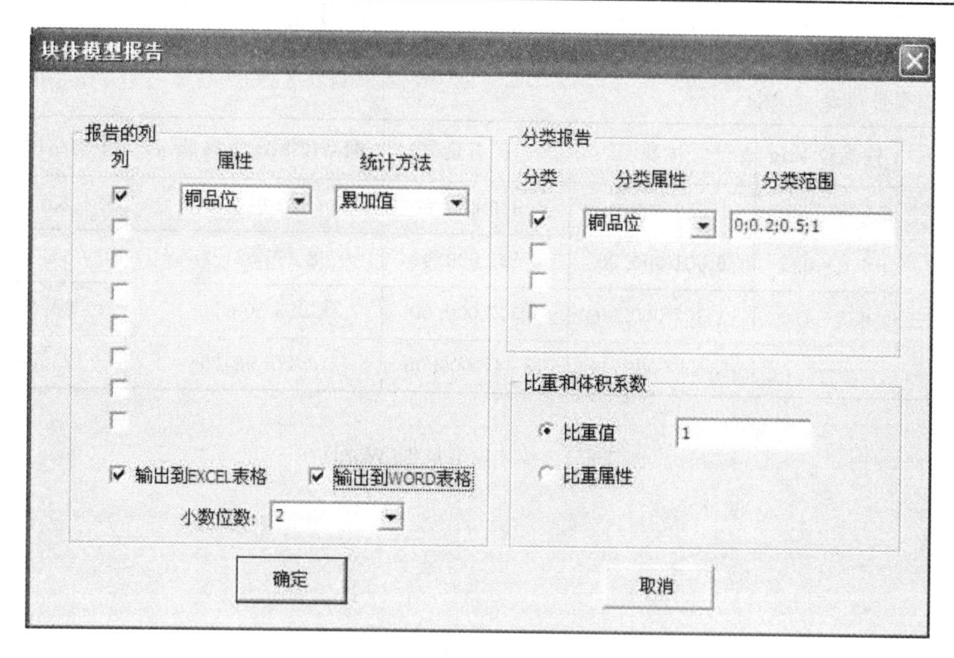

图 5 - 49　块体模型报告设置对话框

统计方法：包括平均值、累加值、累加值/100 和累加值/1 000 000。平均值即加权平均值；累加值是金属量；累加值/100 和累加值/1 000 000 是根据品位单位而定，如果单位是百分比，则金属量/100，如果是金矿单位是克/吨，则输出金属量为克，转化为吨时需要除以 1 000 000。

比重值：当没有设置比重属性值时，可以通过给定比重值计算。

分类报告中选择需要分类属性值。分类属性的设置会在报告中体现出属性值的分段性，使报告更加清楚。

分类范围的类型：枚举型。

枚举型：若数字之间以“;”间隔，如 0;1;3;9，则表示从 0—1，1—3，3—9 段的信息；若数字之间以“,”间隔，如 0,1,2,3,4,5,19，则表示从 0—1，0—2，0—3，0—4，0—5，0—19 段的信息。

(2)参数设置完成之后，点击【确定】按钮，即可生成块体模型报告 Excel 文件，如图 5 - 50 所示；生成 Word 文件，如图 5 - 51 所示。

A1　f_x　GMRE 块体模型报告

	A	B	C	D	E
1		GMRE 块体模型报告			
2	铜品位krig	体积(m³)	矿石量(t)	铜品位krig金属量(g)	
3	0~0.2	5 539 000	5 539 000	487 960.7	
4	0.2~0.5	6 601 000	6 601 000	2 335 524	
5	0.5~1	1 307 000	1 307 000	653 500	
6					
7	合计	13 447 000	13 447 000	3 476 985	
8					
9					

图 5 - 50　块体模型报告(Excel)

GMRE 块体模型报告

块体模型报告报表：

编号	铜品位 krig	体积	矿石量	铜品位 krig 金属量(g)	平均品位(%)
1	0～0.2	5 539 000.00	5 539 000.00	487 960.68	8.81
2	0.2～0.5	6 601 000.00	6 601 000.00	2 335 524.28	35.38
3	0.5～1.0	1 307 000.00	1 307 000.00	653 500.00	50.00
合计	—	13 447 000.00	13 447 000.00	3 476 984.96	25.86

图 5-51　块体模型报告(Word)

实习六　三维地质建模功能开发

一、实习目的

以实习三的内容为基础，本次实习是针对教材《地质信息系统原理与方法》第六章地质空间的多维建模进行上机实习，训练使用 QuantyView 3.0 的 SDK 在三维环境下进行二次开发，重点练习如何构建钻孔数据的三维模型，实现钻孔数据的空间形态和样品信息的可视化表达。进而掌握二次开发实现三维地质建模功能。

二、实习内容

熟悉 QuantyView 3.0 三维系统的数据组织形式与管理方法、基本三维图元对象的创建过程、基于 ADO 的数据库基本操作等知识，在此基础上，要求建立空间结构和属性信息完整的钻孔三维模型。进而掌握开发矿体、巷道、地层、构造等三维地质模型的创建功能。

要求掌握的具体知识点包括：

(1)数据库的基本操作。例如：

①数据库的打开与关闭。

②数据表数据的查询。

(2)三维数据的组织与管理。例如：

①获取当前文档。

②获取当前工程。

③获取当前图幅。

④获取当前图层。

⑤获取当前选中对象。

(3)三维对象的创建与设置。例如：

①创建三维点。

②创建三维线。

③创建三维面。

④创建三维体。

⑤创建三维文本。

(4)对象属性的设置与获取。例如：

①图层属性字段的创建。

②图层属性字段的删除。

③设置图层字段属性值。

④获取图层字段属性值。

三、实习要求

熟练掌握上面要求的实习内容，并能够灵活应用。包括从给定的 ACCESS 数据库(钻孔测斜记录表 DMZK0202、钻孔概况表 DMZK0401、钻孔地质采样记录 DMZK0406、样品化验表 DMYP0101)中提取出钻孔的基本信息，生成钻孔数据的三维模型。

基本要求：

(1)完成实习内容中所列举的所有功能。

(2)从数据库中读取钻孔数据，并将其展现在视图区，形成钻孔柱状图。

(3)在孔口位置对钻孔编号进行标识，形成标注层。

提高要求：

(1)要求根据钻孔的测斜数据，绘制真实钻孔轨迹及样品数据。

(2)用特殊三维模型绘制和表达含多种矿石成分(如铜、铁、金、银)的样品。

(3)在钻孔数据建模的基础上，学会其他矿山三维模型建模功能的开发。

四、实习成果

要求所实现的功能能够达到的钻孔基本效果如图 6－1 所示(可以不用考虑测斜信息)。

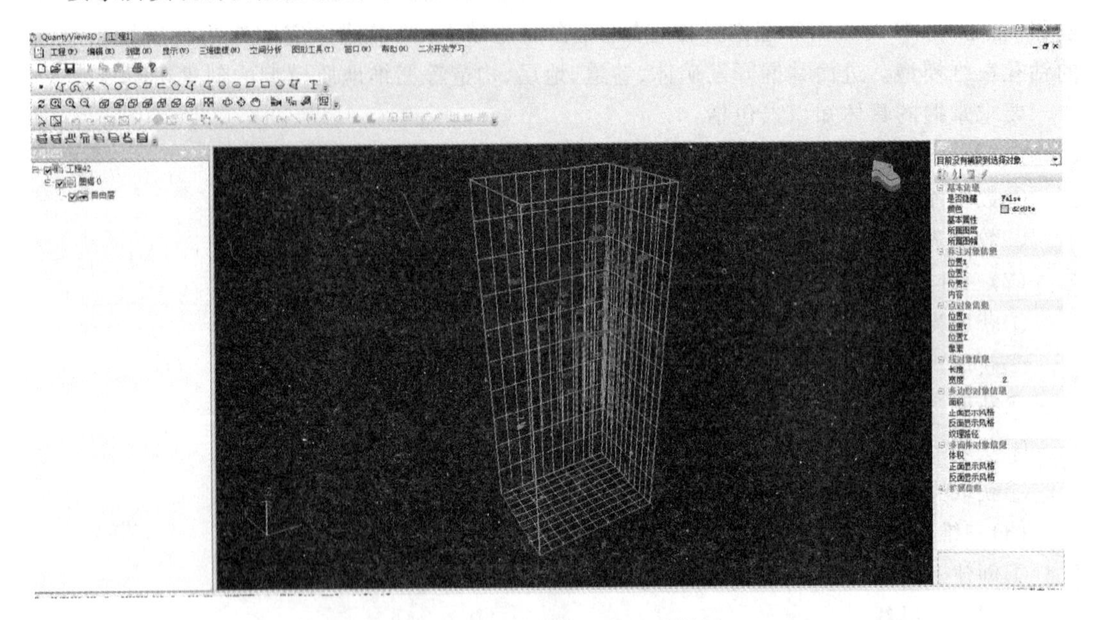

图 6－1　直钻孔的三维地质模型

如果计算了测斜数据，钻孔基本效果如图 6－2 所示。

钻孔还可以用圆柱体表达，如图 6－3 所示。

其中钻孔的样品数据展示如图 6－4 所示。

五、操作方法与步骤

首先要了解基本三维对象的数据结构。QuantyView 3.0 三维系统基本三维图形对象主

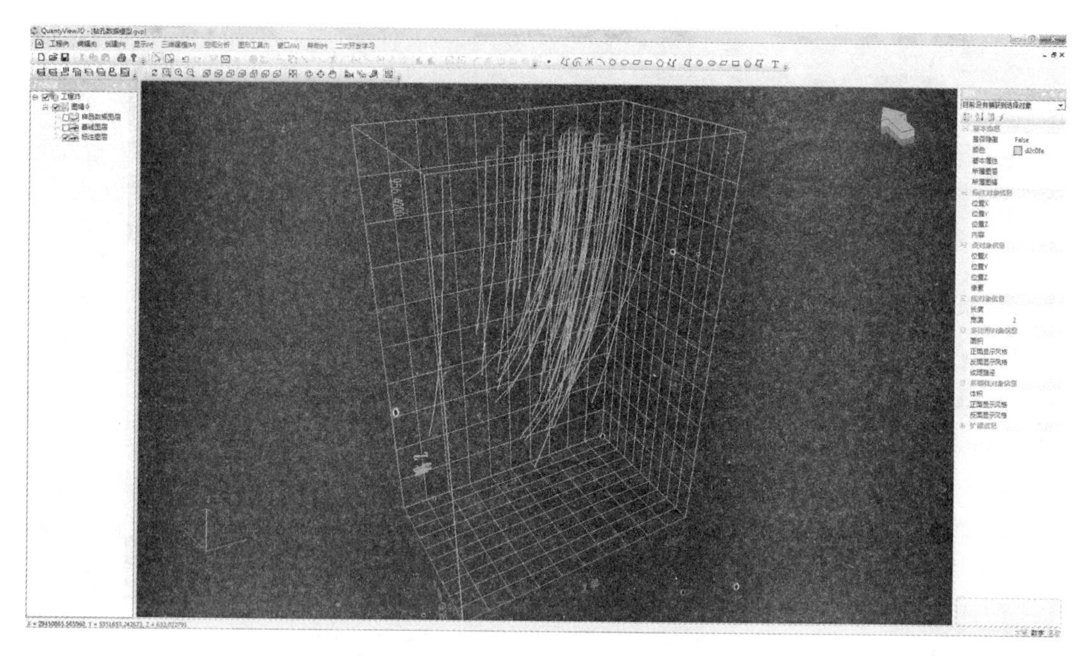

图 6－2　带测斜钻孔的三维地质模型

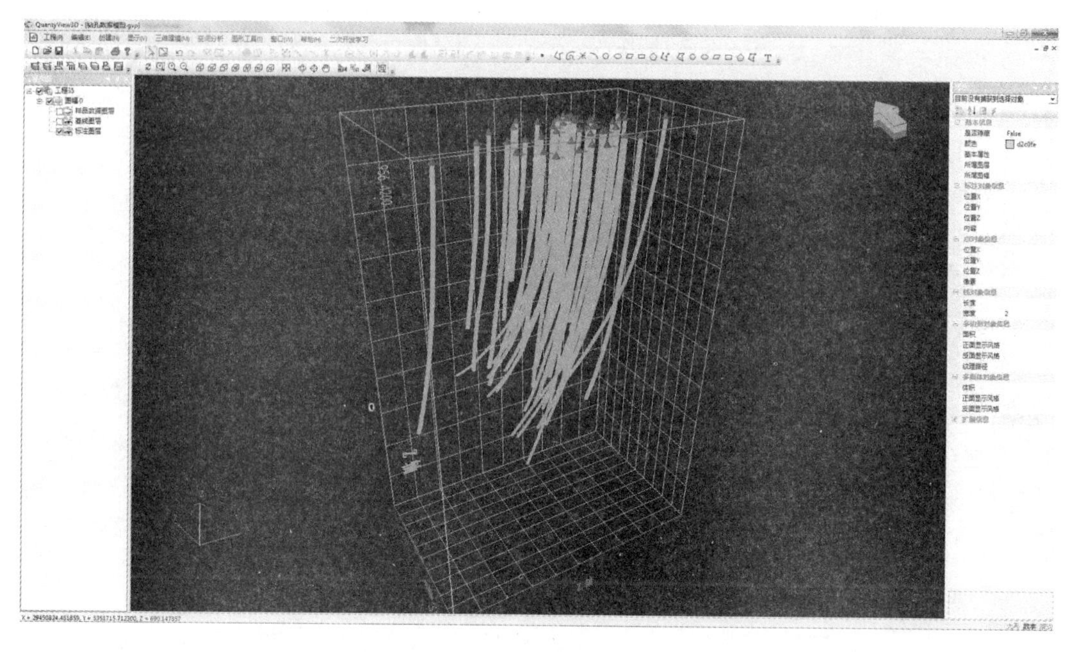

图 6－3　用圆柱体表达的钻孔三维地质模型

要是点(CGV3dPoint)、线(CGV3dPolyline)、面(CGV3dPolygon 与 CGV3dSurface)、体(CGV3dPolyhedron)等几种图元类，均由图层 CGV3dLayer 进行管理(见 GV3dBase 下的 GV3d.h)。

如图 6－5 所示，分别表示了线对象、多边形对象、曲面对象、标注对象的主要数据组织。

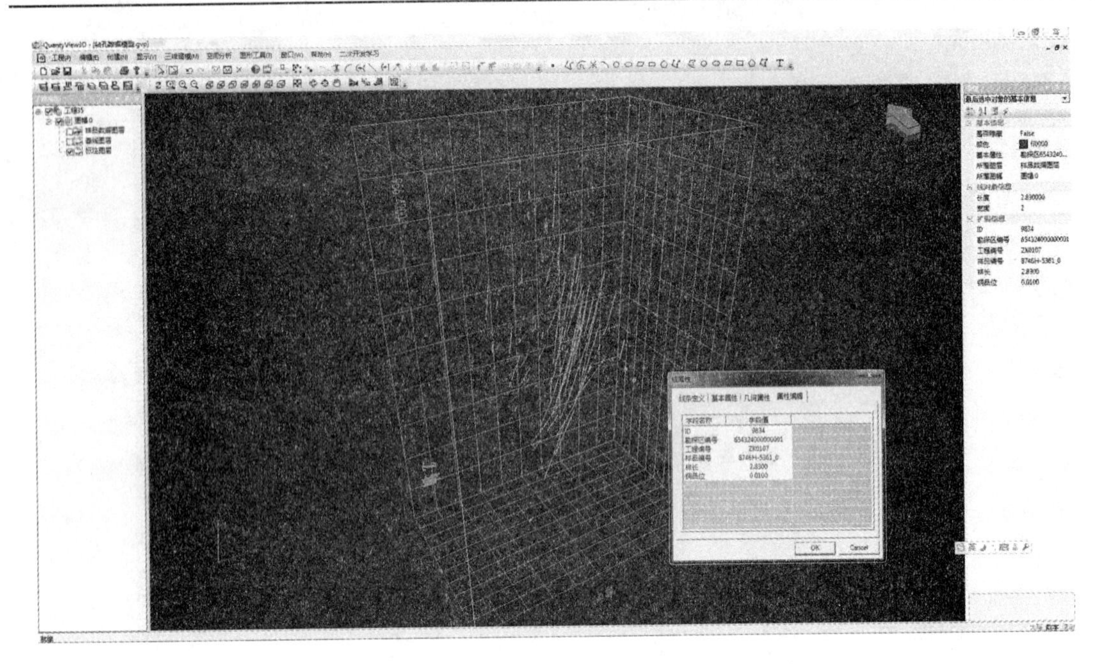

图 6-4　钻孔中样品数据的三维地质模型

图 6-5　三维对象的数据组织形式

每个空间基本对象包含一个区别于其他对象的唯一标识即对象 ID，除此之外，线对象包括颜色值、线型、长度、宽度等属性；多边形对象包括面积、填充方案属性；曲面对象包括面积属性。多边形对象和曲面对象都是面结构，它们的区别在于空间坐标点的组织不同。严格上说，标注对象只是系统的辅助对象，它仅有一个空间坐标位置，不具有几何形态，在系统中起标注说明的作用。QuantyView 3.0 三维系统的体对象 CGV3dPolyhedron 是用封闭的面表达的，所采用的数据结构与 CGV3dPolygon 类似。另外，还有从基本图元类派生出的其他对象类型，比如块对象，是线、多边形、曲面等对象的组合。在 QuantyView 3.0 三维系统中可通过对象属性对话框设置他们的属性，如图 6－6 所示。

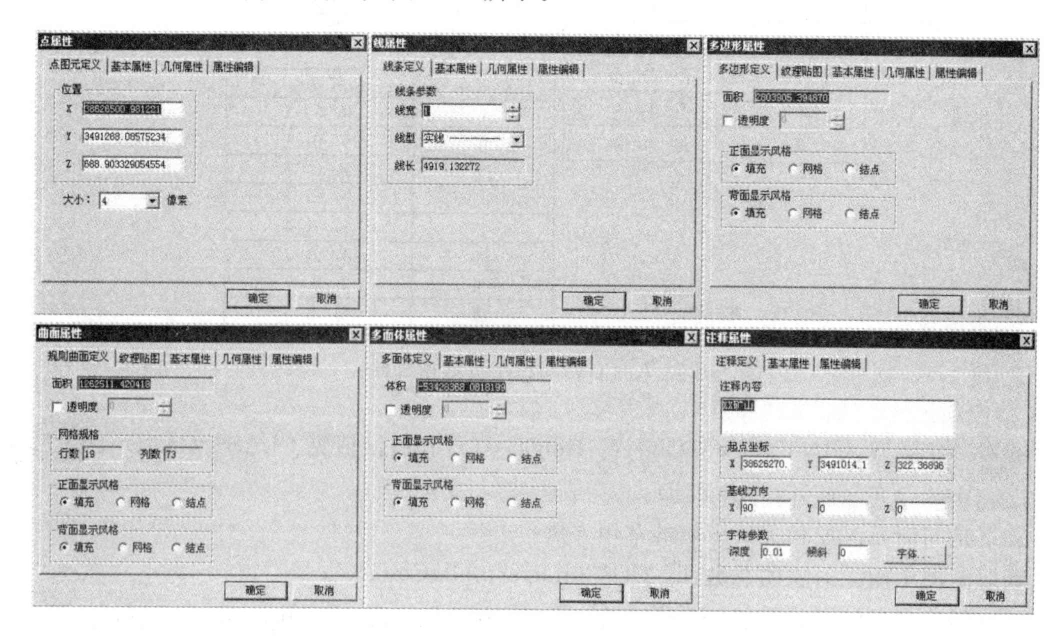

图 6－6　通过属性对话框设置对象属性

以 CGV3dPolygon 为例，主要的数据成员包括坐标点列、拓扑结构、颜色、纹理等信息（图 6－7）。坐标点列实际是一个 POINT3d 类型的数组，拓扑结构是 UINT 数组。所有坐标节点可以用一种颜色，也可以使用不同的颜色，是 CByteArray 类型。

如下是针对多边形对象的常用方法。

获取对象名称：CString CGV3dObject::GetName()；

设置对象名称：void CGV3dObject::SetName(const CString szName)；

获取坐标点列：void CGV3dAtom::GetAll(CArray<XYZ, XYZ>& data)；

设置坐标点列：void CGV3dAtom::SetAll(CArray<XYZ, XYZ>& data)；

获取对象颜色：COLORREF CGV3dObject::GetColor()；

设置对象颜色：void CGV3dObject::SetColor(const COLORREF cr)；

是否打开了点色开关：BOOL CGV3dAtom::IsApplyColors()；

打开/关闭点色开关：void CGV3dAtom::ApplyColors(BOOL bApply＝TRUE)；

设置点色：void CGV3dAtom::SetDotColors(BYTE * byRs, BYTE * byGs, BYTE * byBs, int n)；

获取点色：void CGV3dAtom::GetDotColors(CByteArray * pArray)；

获取多边形拓扑结构：voidCGV3dPolygon::GetPolygons(GV3dWARRAY & ps)；

设置多边形拓扑结构：void CGV3dPolygon::SetPolygons(GV3dWARRAY & ps)；

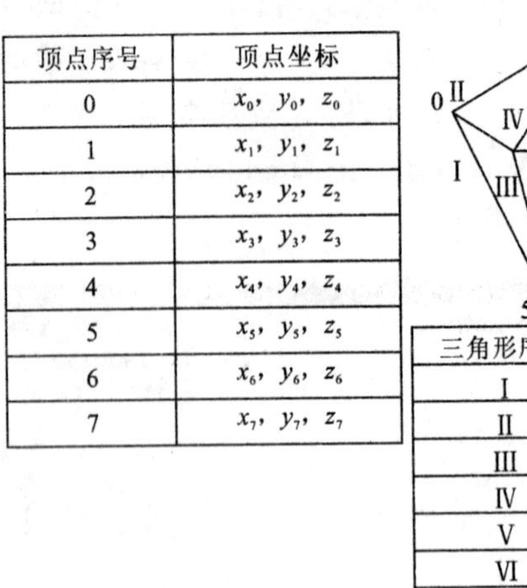

顶点序号	顶点坐标
0	x_0, y_0, z_0
1	x_1, y_1, z_1
2	x_2, y_2, z_2
3	x_3, y_3, z_3
4	x_4, y_4, z_4
5	x_5, y_5, z_5
6	x_6, y_6, z_6
7	x_7, y_7, z_7

点、线、面、体

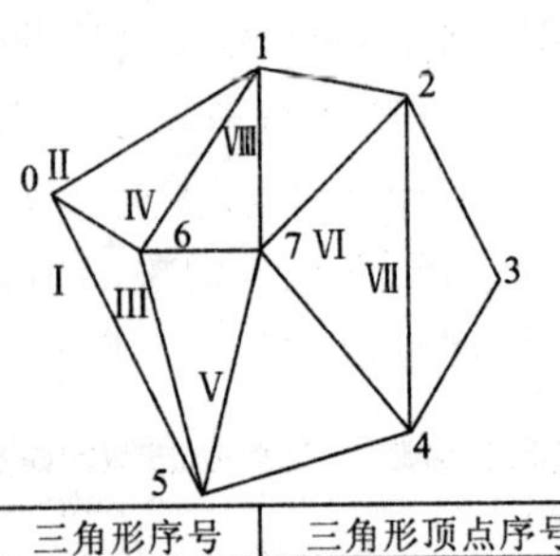

三角形序号	三角形顶点序号
Ⅰ	0，6，5
Ⅱ	6，0，1
Ⅲ	5，6，7
Ⅳ	7，6，1
Ⅴ	5，7，4
Ⅵ	4，7，2
Ⅶ	2，7，1
Ⅷ	4，2，3

图 6－7　CGV3dPolygon 数据成员

获取对象类型：UINT CGV3dObject::GetClass()；其返回值见 CLASS_GV3D_TYPE 定义(GV3dBase 下的 gv3dCommon. h)。

如下是与图元对象相关的图层的常用方法。

获取图层中图元对象的总数：int CGV3dLayer::GetCount()；

获取指定序号的图元对象：CGV3dObject * CGV3dLayer::GetObjectAt(int nIndex)；

向图层中增加图元对象：int CGV3dLayer::AddObject(CGV3dObject * p3dObj，BOOL bHaveDeleted=FALSE)；

按实习三的方法建立如下菜单资源并对菜单项进行消息映射，这里主要介绍消息映射函数的主要实现结果。

基本步骤为：

(1)确定创建对象的位置。

(2)给定空间数据。

(3)给定拓扑结构。

(4)添加到指定图层。

(5)赋属性(颜色、基本属性、图层扩展属性等)。

(6)刷新框架，实时显示。

如下是利用平台底层函数在当前图层下创建一个多边形对象的完整过程。

(1)增加“创建自己的体对象”菜单项，并将其 ID 改为 IDM_NEW_MY_PGON，如下：

```
# define IDM_NEW_MY_PGON                    33938
____________________________________

POPUP"创建(&N)"
……
MENUITEM"创建自己的对象",                   IDM_NEW_MY_PGON
END
```

```
STRINGTABLE
BEGIN
    IDM_NEW_MY_PGON      "创建自定义对象\n 向当前图层中添加一个自定义的多边形对象"
END
```

(2)给这个菜单项，添加消息映射，如下：

QuantyView3DView.h

```
class CQuantyView3DView : public CGV3dView
{
    ……
public:
    afx_msgvoid OnNewMyPgon();
};
```

QuantyView3DView.cpp

```
BEGIN_MESSAGE_MAP(CQuantyView3DView, CGV3dView)
    ……
    ON_COMMAND(IDM_NEW_MY_PGON, &CQuantyView3DView::OnNewMyPgon)
END_MESSAGE_MAP()

void CQuantyView3DView::OnNewMyPgon()
{
    // TODO: Add your command handler code here
}
```

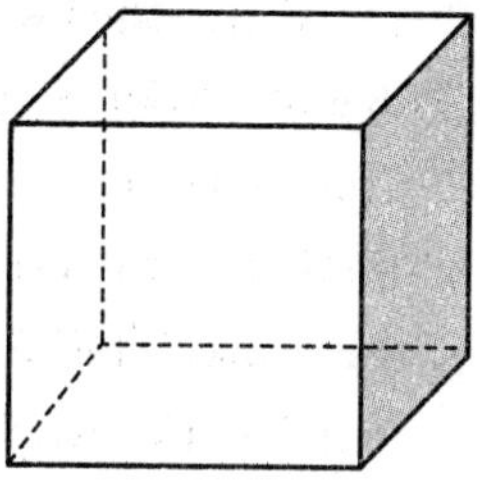

(3)添加创建自定义的体对象(一个正方体的表面)代码如下：

QuantyView3DView.cpp

```
void CQuantyView3DView::OnNewMyPgon()
{
    CGV3dDocument * pDoc=GetDocument();
    ASSERT_VALID(pDoc);
    //获取当前图层
    CGV3dLayer * pCurLayer=pDoc ->m_Project.GetCurrentLayer();
    if(! pCurLayer) return;

    //给当前图层中创建一个新的对象(正方体表面)
    CArray<XYZ, XYZ> data;
```

```
GV3dWARRAY wa;
XYZ pt;
pt.x=-1.0, pt.y=-1.0, pt.z=-1.0; data.Add(pt);      //0号点
pt.x=1.0, pt.y=-1.0, pt.z=-1.0; data.Add(pt);       //1号点
pt.x=1.0, pt.y=1.0, pt.z=-1.0; data.Add(pt);        //2号点
pt.x=-1.0, pt.y=1.0, pt.z=-1.0; data.Add(pt);       //3号点
pt.x=-1.0, pt.y=-1.0, pt.z=1.0; data.Add(pt);       //4号点
pt.x=1.0, pt.y=-1.0, pt.z=1.0; data.Add(pt);        //5号点
pt.x=1.0, pt.y=1.0, pt.z=1.0; data.Add(pt);         //6号点
pt.x=-1.0, pt.y=1.0, pt.z=1.0; data.Add(pt);        //7号点
wa.Add(6);// 6个面
wa.Add(4);// 第1个面有4个点(底面)
wa.Add(0); wa.Add(3); wa.Add(2); wa.Add(1);         //分别为哪4个节点
wa.Add(4);// 第2个面有4个点(顶面)
wa.Add(4); wa.Add(5); wa.Add(6); wa.Add(7);         //分别为哪4个节点
wa.Add(4);// 第3个面有4个点(左面)
wa.Add(0); wa.Add(4); wa.Add(7); wa.Add(3);         //分别为哪4个节点
wa.Add(4);// 第4个面有4个点(右面)
wa.Add(1); wa.Add(2); wa.Add(6); wa.Add(5);         //分别为哪4个节点
wa.Add(4);// 第5个面有4个点(前面)
wa.Add(0); wa.Add(1); wa.Add(5); wa.Add(4);         //分别为哪4个节点
wa.Add(4);// 第6个面有4个点(后面)
wa.Add(2); wa.Add(3); wa.Add(7); wa.Add(6);         //分别为哪4个节点

//创建一个多边形面对象
CGV3dPolygon * pGon=new CGV3dPolygon;
pGon->SetAll(data);
pGon->SetPolygons(wa);
pGon->SetName("自定义的多边形");
pGon->SetColor(RGB(255, 128, 0));
//向图层中添加该对象
pCurLayer->AddObject(pGon);

//刷新视图
Invalidate(FALSE);
}
```

(4)点击该菜单,即可在视图中看到自定义的对象,并可查看它的属性,如图6-8所示。

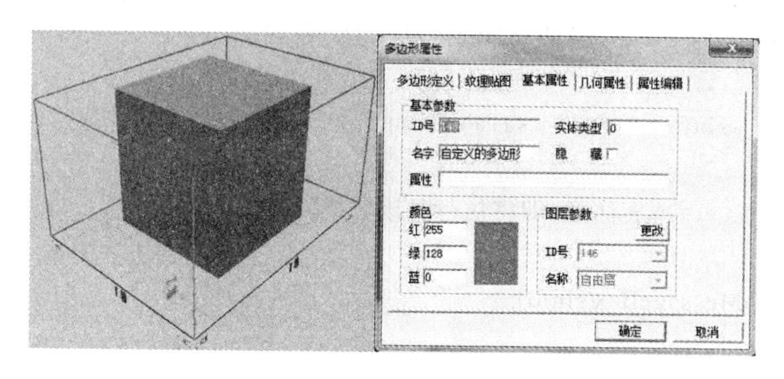

图 6-8　三维立方体及其属性显示

(一)数据库的基本操作

1. 数据库的打开与关闭

```
//数据库和表的基本操作——"数据库的打开与关闭"
void CQuantyView 3.0 三维系统 View::OnDsgDmDbOpenClose()
{
    //选择指定数据库文件的路径
     CFileDialog dlg (TRUE," mdb "," * . mdb ", OFN _ HIDEREADONLY |  OFN _ OVER -
WRITEPROMPT,
         "MapInfoFile (* .mdb) | * .mdb| All Files (* . * )| * . * | | ",NULL);
    if(dlg.DoModal()! =IDOK) return ;

    CString szDBPath=CString(dlg.GetPathName());
    CString szConnection="Provider=Microsoft.Jet.OLEDB.4.0; Data Source="+szDB-
Path+"; User ID=Admin";//szDBPath 为数据库的路径
    CADODatabase * pDatabase =new CADODatabase;

    //开数据库
    if (pDatabase ->Open(szConnection))
    {
        //得到当前数据库中的数据表名
        CString sInfo;
        CStringArray saTableNames;

        pDatabase ->GetTableNames(saTableNames);

        sInfo="数据库\n"+szDBPath+"\n 已经打开成功\n 该数据库中包含如下数据表:";

        int nTableCount=(saTableNames.GetCount()>5)? 5:saTableNames.GetCount();
```

```
            for (int i=0; i<nTableCount; i++)
            {
                sInfo+="\n"+saTableNames[i];
            }
            sInfo+="\n 注意:即将执行对该数据库的关闭操作";

            AfxMessageBox(sInfo);
        }

        //关闭数据库
        pDatabase->Close();

        //判断是否关闭
        if (! pDatabase->IsOpen())
        {
            AfxMessageBox("数据库\n"+szDBPath+"\n 已经被成功关闭");
        }
        else
        {
            PromptError("数据库\n"+szDBPath+"\n 关闭过程出错");
        }
        delete pDatabase;
    }
```

2. 数据表数据的查询

```
    // 数据库和表的基本操作——"数据表数据的查询"
    void CQuantyView 3.0 三维系统 View::OnDsgDmDbTableQuery()
    {
        //选择指定数据库文件的路径
         CFileDialog dlg (TRUE," mdb "," *. mdb ", OFN _ HIDEREADONLY | OFN _ OVER -
WRITEPROMPT,
                "MapInfoFile (* .mdb) | * .mdb| All Files (*.*)| *.*| | ",NULL);
        if(dlg.DoModal()! =IDOK) return ;

        CString szDBPath=CString(dlg.GetPathName());
        CString szConnection="Provider=Microsoft.Jet.OLEDB.4.0; Data Source="+szDB-
Path+"; User ID=Admin";// szDBPath 为数据库的路径
        CADODatabase * pDatabase=new CADODatabase;
```

```
    //打开数据库
    if (pDatabase->Open(szConnection))
    {
        //SQL 查询"数据表 DMZK0401"中编号为 ZK0103 的钻孔信息
        CString szZKID="ZK0103";
        CString strSQL;
        strSQL.Format("select * from DMZK0401 where MDBTAD='654324000000001' and
GCJCBN=\'%s\'", szZKID);

        //定义一个数据集指针,用于连接数据库中的表
        CADORecordset * pSubset=new CADORecordset(pDatabase);
        if(! pSubset->Open(strSQL,CADORecordset::openUnknown))
        {
            return;
        }

        //得到当前钻孔的孔口坐标及孔深
        double dOriX=0.0, dOriY=0.0, dOriZ=0.0, dTotalH=0;
        pSubset->GetFieldValue("TKCAG", dOriX);
        pSubset->GetFieldValue("TKCAF", dOriY);
        pSubset->GetFieldValue("TKCAI", dOriZ);
        pSubset->GetFieldValue("GGHHAB", dTotalH);

        CString sInfo;
        sInfo.Format(_T("从数据库\n%s\n 中的%s 表中查询到\n 编号为%s 的钻孔基
本信息为:\n 孔口坐标为:\n\t(X=%.6f, Y=%.6f, Z=%.6f), \n 钻孔深度为:\n\t(H=%.6f)"),
            szDBPath, "DMZK0401", szZKID, dOriX, dOriY, dOriZ, dTotalH);
        AfxMessageBox(sInfo);

        //关闭记录集
        pSubset->Close();
        delete pSubset;
    }

    //关闭数据库
    pDatabase->Close();
    delete pDatabase;
}
```

(二)三维数据的组织与管理

1. 获取当前文档

```
//三维数据的组织与管理——"获取当前文档"
void CQuantyView 3.0三维系统 View::OnDsgDmGetCurDoc()
{
    CGV3dDocument * p3dDoc=GetDocument();

    if (p3dDoc)
    {
        if (p3dDoc->GetPathName().IsEmpty())
        {
            AfxMessageBox("当前为新建的临时文档");
        }
        else
        {
            AfxMessageBox("当前文档路径为:\n"+p3dDoc->GetPathName());
        }
    }
    else
    {
        PromptError("获取当前文档失败!");
    }
}
```

2. 获取当前工程

```
//三维数据的组织与管理——"获取当前工程"
void CQuantyView 3.0三维系统 View::OnDsgDmGetCurPrj()
{
    CGV3dDocument * p3dDoc=GetDocument();
    ASSERT(p3dDoc);

    CGV3dProject * p3dPrj=&(p3dDoc->m_Project);

    if(p3dPrj)
    {
        AfxMessageBox("当前工程的名字为:\n"+p3dPrj->GetName());
    }
    else
```

```
    {
        PromptError("获取当前工程失败!");
    }
}
```

3. 获取当前图幅

```
//三维数据的组织与管理——"获取当前图幅"
void CQuantyView 3.0 三维系统 View::OnDsgDmGetCurMap()
{
    CGV3dDocument * p3dDoc=GetDocument();
    ASSERT(p3dDoc);

    CGV3dProject * p3dPrj=&(p3dDoc->m_Project);
    ASSERT(p3dPrj);

    CGV3dMap * p3dMap=p3dPrj->GetCurrentMap();

    if (p3dMap)
    {
        CString sInfo;
        sInfo="当前图幅的名称为:\n"+p3dMap->GetName();
        sInfo +="\n 它包含以下图层:";

        for (int i=0; i<p3dMap->GetCount(); i++)
        {
            sInfo+=p3dMap->GetLayerAt(i)->GetName();
        }

        AfxMessageBox(sInfo);
    }
    else
    {
        PromptError("获取当前图幅失败!");
    }
}
```

4. 获取当前图层

```
//三维数据的组织与管理——"获取当前图层"
void CQuantyView 3.0 三维系统 View::OnDsgDmGetCurLayer()
```

```
{
    CGV3dDocument * p3dDoc=GetDocument();
    ASSERT(p3dDoc);

    CGV3dProject * p3dPrj=&(p3dDoc->m_Project);
    ASSERT(p3dPrj);

    CGV3dLayer * p3dLayer=p3dPrj->GetCurrentLayer();

    if (p3dLayer)
    {
        CString sInfo;
        sInfo.Format(_T("当前图层的名称为:\n %s,\n 图层中共有%d 个三维对象"),
p3dLayer->GetName(), p3dLayer->GetCount());
        AfxMessageBox(sInfo);
    }
    else
    {
        PromptError("获取当前图层失败!");
    }
}
```

5. 获取当前选中对象

```
//三维数据的组织与管理——"获取当前选中对象"
void CQuantyView 3.0 三维系统 View::OnDsgDmGetCurSeled()
{
    CGV3dDocument * p3dDoc=GetDocument();
    ASSERT(p3dDoc);

    CObList * p3dList=(p3dDoc->m_pSelList);

    if (p3dList)
    {
        CString sInfo;
        sInfo.Format(_T("目前共选择了%d 个三维对象"), p3dList->GetCount());
        AfxMessageBox(sInfo);
    }
    else
    {
```

```
        PromptError("获取选中对象失败!");
    }
}
```

(三)三维对象的创建与设置

1. 创建三维点

```
//三维对象的创建与设置——"创建三维点"
void CQuantyView 3.0 三维系统 View::OnDsgOmCreate3dPoint()
{
    //得到当前图层
    CGV3dLayer * p3dLayer=GetDocument()->m_Project.GetCurrentLayer();
    if (! p3dLayer) return PromptError("请设置当前图层");

    //新建三维对象
    CGV3dPoint * pNew3dObj =new CGV3dPoint;
    pNew3dObj ->SetPosition(0, 0, 0);

    //将新建对象添加至当前图层
    p3dLayer ->AddObject(pNew3dObj);
}
```

2. 创建三维线

```
//三维对象的创建与设置——"创建三维线"
void CQuantyView 3.0 三维系统 View::OnDsgOmCreate3dLine()
{
    //得到当前图层
    CGV3dLayer * p3dLayer=GetDocument()->m_Project.GetCurrentLayer();
    if (! p3dLayer) return PromptError("请设置当前图层");

    //新建三维对象
    CGV3dPolyline * pNew3dObj =new CGV3dPolyline;
    pNew3dObj ->AddTail(0, 0, 0);
    // pNew3dObj ->AddTail(0, 1, 0);
    // pNew3dObj ->AddTail(1, 0, 0);
    pNew3dObj ->AddTail(0, 0, 1);

    //将新建对象添加至当前图层
    p3dLayer ->AddObject(pNew3dObj);
```

```
}
```

3. 创建三维面

```
//三维对象的创建与设置——"创建三维面"
void CQuantyView 3.0 三维系统 View::OnDsgOmCreate3dPolygon()
{
    //得到当前图层
    CGV3dLayer * p3dLayer=GetDocument()->m_Project.GetCurrentLayer();
    if (! p3dLayer) return PromptError("请设置当前图层");

    //新建三维对象
    CGV3dPolygon * pNew3dObj =new CGV3dPolygon;
    pNew3dObj ->AddTail(0, 0, 0);
    pNew3dObj ->AddTail(0, 1, 0);
    pNew3dObj ->AddTail(1, 0, 0);
    pNew3dObj ->MakeDefaultPolygons();

    //将新建对象添加至当前图层
    p3dLayer ->AddObject(pNew3dObj);
}
```

4. 创建三维体

```
//三维对象的创建与设置——"创建三维体"
void CQuantyView 3.0 三维系统 View::OnDsgOmCreate3dPolyhedron()
{
    //得到当前图层
    CGV3dLayer * p3dLayer=GetDocument()->m_Project.GetCurrentLayer();
    if (! p3dLayer) return PromptError("请设置当前图层");

    //新建三维对象: 四面体
    CGV3dPolyhedron * pNew3dObj =new CGV3dPolyhedron;

    //底面
    pNew3dObj ->AddTail(0, 0, 0);
    pNew3dObj ->AddTail(0, 1, 0);
    pNew3dObj ->AddTail(1, 0, 0);
    //顶点坐标
    pNew3dObj ->AddTail(0, 0, 1);
    pNew3dObj ->MakeDefaultPolyhedron(0);
```

```
    //将新建对象添加至当前图层
    p3dLayer->AddObject(pNew3dObj);
}
```

5. 创建三维文本

```
//三维对象的创建与设置——"创建三维文本"
void CQuantyView 3.0 三维系统 View::OnDsgOmCreate3dText()
{
    //得到当前图层
    CGV3dLayer * p3dLayer=GetDocument()->m_Project.GetCurrentLayer();
    if(! p3dLayer) return PromptError("请设置当前图层");

    //新建三维对象
    CGV3dText * pNew3dObj =new CGV3dText;

    pNew3dObj->SetOrigin(0, 0, 0);

    pNew3dObj->SetText("新建 3d 字体对象");

    //将新建对象添加至当前图层
    p3dLayer->AddObject(pNew3dObj);
}
```

(四)对象属性的设置与获取

1. 图层属性字段的创建

```
//对象属性的设置与获取——"图层属性字段的创建"
void CQuantyView 3.0 三维系统 View::OnDsgPmLayerFieldCreate()
{
    //得到当前图层
    CGV3dLayer * p3dLayer=GetDocument()->m_Project.GetCurrentLayer();
    if (! p3dLayer) return PromptError("请设置当前图层");

    CGeoField * pField=NULL;

    BOOL bModified=FALSE;

    if (! p3dLayer->GetField("新建 FLOAT 字段"))
```

```
    {
        pField=new CGeoField("新建 FLOAT 字段",GEO_FLOAT, sizeof(double),sizeof
                (float),0);
        p3dLayer->AddField(pField);
        bModified=TRUE;
    }

    if (! p3dLayer->GetField("新建 STRING 字段"))
    {
        pField=new CGeoField("新建 STRING 字段",GEO_STRING, 20, 0, 0);
        p3dLayer->AddField(pField);
        bModified=TRUE;
    }

    if (! p3dLayer->GetField("新建 INT 字段"))
    {
        pField=new CGeoField("新建 INT 字段",GEO_INT, sizeof(int),0,0);
        p3dLayer->AddField(pField);
        bModified=TRUE;
    }

    if (bModified)
    {
        AfxMessageBox("图层字段创建成功,请在当前图层属性中查看!");
    }
    else
    {
        PromptError("图层字段创建失败,请先删除当前图层的扩展属性字段!");
    }
}
```

2. 图层属性字段的删除

```
//对象属性的设置与获取——"图层属性字段的删除"
void CQuantyView 3.0 三维系统 View::OnDsgPmLayerFieldDelete()
{
    //得到当前图层
    CGV3dLayer * p3dLayer=GetDocument()->m_Project.GetCurrentLayer();
    if (! p3dLayer) return PromptError("请设置当前图层");
```

```
    CGeoField * pField=NULL;

    BOOL bModified=FALSE;

    if (p3dLayer->GetField("新建 FLOAT 字段"))
    {
        p3dLayer->DeleteField("新建 FLOAT 字段");
        bModified=TRUE;
    }

    if (p3dLayer->GetField("新建 STRING 字段"))
    {
        p3dLayer->DeleteField("新建 STRING 字段");
        bModified=TRUE;
    }

    if (p3dLayer->GetField("新建 INT 字段"))
    {
        p3dLayer->DeleteField("新建 INT 字段");
        bModified=TRUE;
    }

    if (bModified)
    {
        AfxMessageBox("图层字段删除成功,请在当前图层属性中查看!");
    }
    else
    {
        PromptError("图层字段删除失败,请先在当前图层中创建属性字段!");
    }
}
```

3. 设置图层字段属性值

```
//对象属性的设置与获取——"设置图层字段属性值"
void CQuantyView 3.0 三维系统 View::OnDsgPmLayerFieldSetval()
{
    //得到当前图层
    CGV3dLayer * p3dLayer=GetDocument()->m_Project.GetCurrentLayer();
    if (! p3dLayer) return PromptError("请设置当前图层");
```

```
    if (p3dLayer->GetCount() ==0)
    {
        AfxMessageBox("当前图层中没有图元对象存在,将新建一个样品对象!");

        //创建一个化验样品
        OnDsgOmCreate3dLine();

        //为当前图层中索引为0的对象设置颜色
        p3dLayer->GetObjectAt(0)->SetColor(255, 255, 0);
    }

    CGeoField * pField=p3dLayer->GetField("品位");

    BOOL bModified=FALSE;

    if (! pField)
    {
        pField=new CGeoField("品位",GEO_FLOAT, sizeof(double),sizeof(float),0);
        p3dLayer->AddField(pField);
    }

    //将当前图层中索引为0的对象设置“品位属性值”为0.5
    pField->StrToVal("0.5", 0);

    CString sInfo;
    sInfo.Format(_T("已经成功将当前图层中索引为“0”的对象属性值设置为0.5, 请在该
对象的属性页面中查看"));
    AfxMessageBox(sInfo);
}
```

4.获取图层字段属性值

```
//对象属性的设置与获取——"获取图层字段属性值"
void CQuantyView 3.0三维系统View::OnDsgPmLayerFieldGetval()
{
    //得到当前图层
    CGV3dLayer * p3dLayer=GetDocument()->m_Project.GetCurrentLayer();
    if (! p3dLayer) return PromptError("请设置当前图层");
```

```
    if (p3dLayer->GetCount()==0 || ! p3dLayer->GetField("品位"))
    {
        PromptError("请先为当前图层中的对象设置属性值");
    }

    CGeoField * pField=p3dLayer->GetField("品位");

    //获取当前图层中索引为“0”的对象的品位属性值
    CString sVal=pField->ValToStr(0);

    CString sInfo;
    sInfo.Format(_T("当前图层中索引为“0”的对象的“品位”值为:%s"), sVal);
    AfxMessageBox(sInfo);
}
```

(五)三维钻孔模型的构建

可以参考的基本实现步骤：

(1)打开数据库。

(2)在钻孔数据表中查询钻孔的钻孔编号、孔口位置、孔深、化验样品等信息。

(3)利用点、线条、多边形(圆柱)形式对钻孔的空间信息进行表达。

(4)利用几何图元对象的颜色、文字标注及图层字段属性值的形式对钻孔的属性信息进行表达。

(5)关闭记录集和数据库。

```
void CQuantyView3DView::OnDataDbImport()
{
    if (! pDatabase->IsOpen())
    {
        AfxMessageBox("请先连接数据库!");
        return;
    }

    if (pDatabase->IsOpen())
    {
        CString szZKID="";
        CString strSQL="select * from DMZK0401 where MDBTAD='654324000000001'";
        CADORecordset * pSubset=new CADORecordset(pDatabase);
        if(! pSubset->Open(strSQL,CADORecordset::openUnknown))
```

```
{
    return;
}
int num=pSubset->GetFieldCount();
double dOriX=0.0, dOriY=0.0, dOriZ=0.0, dTotalH=0;
CGV3dPolyline * pNew3dObj[50];
CGV3dText * pObj[50];
for(int k=0;k<num;k++)
{
    pNew3dObj[k]=new CGV3dPolyline;
    pObj[k]=new CGV3dText;
}
//得到当前图层
CGV3dLayer * p3dLayer=GetDocument()->m_Project.GetCurrentLayer();
if(! p3dLayer) return PromptError("请设置当前图层");

for (int i=0;i<num;i++)
{
    pSubset->GetFieldValue("TKCAG", dOriX);
    pSubset->GetFieldValue("TKCAF", dOriY);
    pSubset->GetFieldValue("TKCAI", dOriZ);
    pSubset->GetFieldValue("GGHHAB", dTotalH);
    pSubset->GetFieldValue("GCJCBN",szZKID);
    pSubset->MoveNext();//数据集指针后移,读取下一行
    //新建三维对象
    pNew3dObj[i]->AddTail(dOriX, dOriY, dOriZ);
    pNew3dObj[i]->AddTail(dOriX, dOriY, dOriZ+dTotalH);

    //设置钻孔颜色为绿色
    pNew3dObj[i]->SetColor(0,255,0);

    //将新建对象加至当前图层
    p3dLayer->AddObject(pNew3dObj[i]);

    //创建注释
    pObj[i]->SetOrigin(dOriX, dOriY, dOriZ+dTotalH);
    pObj[i]->SetText(szZKID);
    p3dLayer->AddObject(pObj[i]);
}
```

```
        //关闭记录集
        pSubset->Close();
        delete pSubset;
        //关闭数据库
        pDatabase->Close();
        }
    }
```

【拓展练习 1】使用创建好的三维钻孔模型，搜索某一底层的顶面散点和底面散点，分别生成地层的顶底面。

【拓展练习 2】在三维钻孔模型基础上，搜索样品品位值大于2%的样品，拷贝到单独图层中。

主要参考文献

何珍文,吴冲龙,刘刚,等.地质空间认知与多维动态建模结构研究[J].地质科技情报,2012,31(6):46-51.

何珍文.地质空间三维动态建模关键技术研究[D].武汉:华中科技大学,2008.

胡继武.信息科学与信息产业[M].广州:中山大学出版社,1995.

李德仁,李清泉.一种三维GIS混合数据结构研究[J].测绘学报,1997,26(2):121-127.

李章林,张夏林,翁正平.指示克里格法在矿体储量计算方面的研究与应用[J].矿业快报,2008(1):11-15.

刘刚,翁正平,毛小平,等.基于三维数字地质模型的地质空间动态剪切分析技术[J].地质科技情报,2012,31(6):9-15.

刘刚,吴冲龙,何珍文,等.地上下一体化的三维空间数据库模型设计与应用[J].地球科学——中国地质大学学报,2011,36(2):367-374.

刘刚,汪新庆,李伟忠,等.资源勘查图件计算机辅助编绘系统的结构分析与开发策略研究[J].地质与勘探,2002,38(4):60-63.

刘刚,袁艳斌,吴冲龙.参数化设计方法在地矿图件计算机辅助编绘中的应用[J].地质科技情报,1999,18(1):93-96.

刘刚.资源信息系统中参数化图形设计方法研究[D].武汉:中国地质大学(武汉),2004.

毛小平.盆地构造三维动态演化模拟系统研制[D].武汉:中国地质大学(武汉),2000.

潘懋,方裕,屈红刚.三维地质建模若干基本问题探讨[J].地理与地理信息科学,2007,23(3):1-5.

屈红刚,潘懋,王勇,等.基于含拓扑剖面的三维地质建模[J].北京大学学报(自然科学版),2006,42(6):717-723.

田宜平,刘海滨,刘刚,等.盆地三维构造——地层格架的矢量剪切原理及方法[J].地球科学——中国地质大学学报,2000,25(3):306-310.

田宜平.盆地三维数字地层格架的建立与研究[D].武汉:中国地质大学(武汉),2001.

翁正平,吴冲龙,毛小平.基于平面图的盆地三维构造—地层格架建模技术[J].地球科学——中国地质大学学报,2002,26(增刊):135-138.

吴冲龙,何珍文,翁正平,等.地质数据三维可视化的属性,分类和关键技术[J].地质通报,2011,30(5):642-649.

吴冲龙,刘刚,田宜平,等.地矿勘查信息化的理论与方法问题[J].地球科学——中国地质大学学报,2005,30(3):359-365.

吴冲龙,刘刚,田宜平,等.地质信息科学与技术概论[M].北京:科学出版社,2014.

吴冲龙,刘刚,田宜平,等.论地质信息科学[J].地质科技情报,2005,24(3):1-8.

吴冲龙,刘刚,张夏林,等.地质信息系统原理与方法[M].北京:地质出版社,2016.

吴冲龙,毛小平,田宜平,等.盆地三维数字构造—地层格架模拟技术[J].地质科技情报,2006,25(4):1-8.

吴冲龙,翁正平,刘刚,等.论中国"玻璃国土"建设[J].地质科技情报,2012,31(6):1-8.

吴冲龙.计算机技术与地矿工作信息化[J].地学前缘,1998,5(2):343-355.

吴立新,史文中.论三维地学空间构模[J].地理与地理信息科学,2005,21(1):1-4.

武强,徐华.三维地质建模与可视化方法研究[J].中国科学(D辑),2004,34(1):54-60.

杨成杰,吴冲龙,翁正平,等.矢量剪切技术在地质三维建模中的应用[J].武汉大学学报(信息科学版),2010,35(4):419-422.

张夏林,吴冲龙,翁正平,等.数字矿山软件(QuantyMine)若干关键技术的研发和应用[J].地球科学——中国地质大学学报,2010,35(2):302-310.